EL MITO SOBRE
LA EVOLUCIÓN

| ISBN-13 | Paperback | 978-1-970309-25-6 |
| | eBook | 978-1-970309-24-9 |

EL MITO SOBRE LA EVOLUCIÓN

JOHN CONSTANTINE CAPLETON

BOOK DOMAIN LLC
Publish in Perfection

TABLA DE CONTENIDO

EXPRESIONES DE GRATITUD

LA INTELIGENCIA DEFINE EL ORDEN
"TODO ES CUESTIÓN DE REFERENCIA"

A MI ESPOSA, CHERYL, por el tiempo extra que tuve, entre tareas, para poder concentrarme en escribir este libro.

Gracias a nuestras tres hijas, Lisa, Stephanie y Marissa, por tomarse el tiempo de revisar el borrador y brindarme comentarios para garantizar que tuviera sentido lógico y que el concepto básico se entendiera fácilmente.

Lisa R. - Por animarme a escribir el libro y ofrecerse a ayudarme en la revisión del borrador.

Jenn: gracias por tu consejo sobre reorganizar los temas en orden de complejidad técnica, haciendo más fácil para el lector introducirse gradualmente en los diversos conceptos.

Pete, siempre estuviste dispuesto a ayudarme a encontrar los pasajes bíblicos a los que se hace referencia en la narración para mostrar mejor la evidente relación entre las Escrituras y la ciencia.

Dan Caffese: Gracias por afinar mi comprensión de quién es DIOS y cómo se relaciona con nosotros.

Jack: Tu profecía sobre el mensaje que recibiste del Espíritu Santo y tu ayuda al revisar el borrador me dieron la confianza para escribir este libro.

PREFACIO

NACIDO EN ORACABESSA, un pequeño pueblo portuario al noreste de Jamaica, a solo 23 kilómetros al este de Ocho Ríos, John conoció el mundo desde muy joven. De niño, asistió a un internado en Kingston, lo que le abrió las puertas para estudios posteriores en el Reino Unido, donde obtuvo su maestría en ingeniería. Tras emigrar a Estados Unidos, trabajó como consultor de control de riesgos hasta su jubilación en 2014.

John valora el trabajo manual y a menudo se le encuentra completamente absorto en sus proyectos. De niño, disfrutaba dibujando y pintando, así como diseñando y construyendo maquetas. En su adolescencia, desarrolló un interés por la electrónica y se dedicó a fabricar amplificadores y preamplificadores. John se esforzó por adquirir conocimientos y aplicar lo aprendido para desarrollar su oficio. Más tarde, combinó esas habilidades y fabricó cajas para altavoces, llevando sus proyectos desde la fase conceptual hasta su finalización.

Una curiosidad insaciable sobre cómo funcionan las cosas lo ha impulsado a buscar, durante casi toda su vida, las respuestas a lo que originó el universo y las fuerzas necesarias para mantener el orden. Firme en su creencia de que todos los fenómenos naturales se rigen por la lógica, John siempre supo que debía haber una explicación racional de la existencia.

Tras criar a sus tres hijas, John disfruta actualmente de su jubilación con su esposa y sus dos perros en Arizona. Su pasión por la creación lo acompaña, y aún pinta, diseña y fabrica muebles.

MIS PRIMEROS AÑOS

MI CIUDAD NATAL, Oracabessa, es un pequeño pueblo portuario en la costa noreste de Jamaica. Para quienes conocen los destinos vacacionales más populares de la isla, está a trece millas al este de Ocho Ríos.

El nombre del pueblo evolucionó del nombre original español, Cabeza Ora, o Cabeza Dorada, que los españoles le dieron por las hermosas puestas de sol sobre la bahía. El sol se pone en un lado de la bahía, sobre la proyección de la costa. En inglés, el adjetivo precede al sustantivo, por lo que el nombre se convirtió en Ora Cabeza y se escribe "Oracabessa".

Jamaica fue colonizada por los españoles en 1494. Los británicos la capturaron en la guerra y la colonizaron en 1655. Sin embargo, muchos de los pueblos de Jamaica aún conservan nombres españoles. Jamaica obtuvo su independencia de los británicos en 1962.

Oracabessa fue un puerto bananero muy popular en las décadas de 1950 y 1960. Quizás hayas oído hablar de 'The Banana Boat Song' de Harry Belafonte. Esta era la operación a la que se refería mientras se revisaban los plátanos antes de embarcarlos en el puerto para su exportación a Inglaterra y otros países.

Era un destino popular para los turistas que visitaban la isla y se alojaban en los complejos turísticos cercanos. Gente de todo el mundo venía a presenciar esta operación, que duraba de dos a tres días a la semana.

Era un día esperado con ilusión, ya que atraía a algunos de los personajes más interesantes de la ciudad y los pueblos cercanos para mostrar sus talentos únicos, algunos a cambio de dinero de los turistas.

Uno de mis primeros recuerdos de Oracabessa fue contemplar el vasto océano desde nuestro patio delantero y ver el reflejo cegador del sol en el agua, como siempre ocurría al comienzo de la tarde.

(Arriba se ve la operación del puerto desde nuestro patio delantero)

Un día, mientras contemplaba el agua, me dije: "Estoy realmente vivo. Lo que veo es real." El reflejo era tan cegador que uno no podía mirarlo más de un instante sin verse obligado a apartar la mirada. Creo que fue a partir de entonces que desarrollé el deseo de intentar comprender no solo la fuerza que hay detrás del universo en el que vivimos, sino también la razón misma de la vida.

Este también fue el pueblo que Ian Fleming eligió para su hogar en Jamaica. Escribió muchos de sus libros de James Bond aquí. Uno de sus libros lleva el nombre de la propiedad, Golden Eye. Anteriormente, la propiedad se llamaba Rock Edge, como le oía llamar a mi familia, cuando era propiedad de un amigo suyo.

Mis abuelos tenían una pequeña propiedad rodeada por la suya y teníamos el privilegio de usar su playa privada durante todas nuestras vacaciones de verano de la escuela, junto con nuestros amigos. Nos divertíamos mucho en la playa, ya que él nunca estaba allí más de dos meses al año, y nunca durante los meses de verano. El resto del año, usábamos la playa.

Recuerdo mi primer y único encuentro con el Sr. Fleming. Tenía unos 6 años y estaba en casa de mi abuela. Lo vi caminar por la entrada de su casa como a veces lo hacía en sus paseos para hacer ejercicio y para inspeccionar su propiedad. Siempre vestía solo pantalones cortos, sandalias y fumaba un cigarrillo.

Lo había visto antes y lo reconocí como el dueño de la propiedad que rodeaba la de mi abuela. Siempre venía más o menos por la misma época del año. Allí era donde podía relajarse y escribir sus libros sin interrupciones.

Esta vez se detuvo y me preguntó si podía llamar a la "Sra. Simmit". Sabía que se refería a mi abuela, la "Sra. Smith". La llamaba "Sra. Simmit" porque así pronunciaban los lugareños el apellido "Smith" y, obviamente, uno de los empleados de su propiedad le había dicho su nombre.

No tenía ni idea de por qué quería hablar con mi abuela, pero fui a llamarla y ella vino inmediatamente a ver qué quería. Mientras estaba a su lado, primero le preguntó si era la Sra. Simmit, a lo que ella respondió afirmativamente.

Mi abuela era una maestra jubilada, muy respetada en el pueblo y de buen hablar. Hablaba un inglés perfecto y demostraba su dominio del inglés en sus respuestas.

Lo que él había venido a quejarse era que la cerca que dividía las dos propiedades estaba rota y ya no había una demarcación clara. Creo que él quería que la repararan y ella accedió.

Sin embargo, al final del encuentro, ella lo corrigió por la pronunciación incorrecta de su nombre. Le dijo que se llamaba "Smith" y no "Simmit". Además, lo reprendió por su fuente de información, indicándole que si quería información precisa sobre ella y su propiedad, debía preguntársela a ella y no a sus empleados.

Me enorgullecía cómo se enfrentó al "Comandante Fleming", como lo conocía la gente del pueblo. Verán, era oficial de la Armada Británica durante la Segunda Guerra Mundial y tenía buenos contactos entre la aristocracia británica. Entre quienes se alojaron en la propiedad se encontraban la Princesa Margarita, Sir Winston Churchill y Sir Anthony Eden, otro de los Primeros Ministros británicos. Cuando estaban allí, nos sentíamos seguros, ya que había un guardia de seguridad en la puerta las 24 horas del día, los 7 días de la semana. Les dábamos refrigerios y comidas, y les dábamos refugio en la terraza cuando llovía.

Dicho esto, debo felicitar al Sr. Fleming por su gestión de un asunto relacionado con el título de propiedad en su última visita a Jamaica. Mi abuelo le había comprado la propiedad a un amigo de la familia, la misma persona que se la vendió al Sr. Fleming. Desafortunadamente, no se realizó una separación adecuada de las dos propiedades ni se redactó un título de propiedad independiente para la propiedad de mi abuelo. Como resultado, ella no tenía derecho legal sobre la propiedad y mi abuelo ya había fallecido.

Ella contrató a un abogado para solicitarle al Sr. Fleming que le cediera su parte de la propiedad. Él podría haberse negado fácilmente o haberlo impugnado en los tribunales. ¡Pero no lo hizo! En su siguiente visita a Jamaica, le cedió su parte de la propiedad. Fue un gesto muy amable de su parte, y nunca lo he olvidado y lo respeto por esa decisión. Esa fue su última visita a Jamaica, ya que falleció en Inglaterra poco después.

Los recuerdos de mi infancia son ahora algo fragmentados, pero sí recuerdo aquellos incidentes que me marcaron para siempre. Recordando a cuando tenía unos cinco años, un día estaba solo en la sala escuchando la radio. Empecé a preguntarme cómo era posible que alguien estuviera hablando, cantando y escuchando música desde esa cajita sobre la mesa. Debía haber personitas y una banda en algún lugar allí. Entonces cogí un cuchillo de la cocina, le di la vuelta a la radio y empecé a desenroscar la tapa trasera. Podía sentir el calor que generaban las válvulas de vacío, ya que en aquella época aún no había transistores. Las válvulas de vacío no solo son calientes, sino que también funcionan con un voltaje moderadamente alto. Miré dentro y no vi al hombre ni a la banda, así que decidí intentar apartar algunos componentes que podrían haber estado bloqueando mi visión. De alguna manera, toqué lo que debía ser la fuente de alimentación y experimenté mi primera descarga eléctrica. Tras recuperarme del shock, volví a colocar la tapa trasera con cuidado, pero no le conté a nadie lo sucedido.

A lo largo de mi vida, siempre me ha apasionado diseñar, fabricar y probar cosas para comprobar si mi diseño era exitoso. He construido maquetas de coches, aviones y barcos. Me gustaban los barcos porque crecí rodeado de ellos en mi ciudad natal, Oracabessa.

Una vez me planteé el reto de construir un barco de tamaño real con madera de pino. Este tenía quilla, comenzando con una estructura de madera y añadiendo los paneles para terminarlo. Medía 5,8 metros de largo y aproximadamente 1,2 metros de ancho.

Acababa de terminar la secundaria, pero aún no me había decidido a ir a la universidad. Necesitaba algo que hacer y este parecía un buen proyecto. Conseguí la materia prima en la ferretería local. Como no trabajaba, mi madre me proporcionó los fondos, lo cual hizo sin quejarse, aunque apenas podía permitírselo. Se preocupaba por mí y habría hecho todo lo posible para ayudarme a superar este período tan difícil de mi vida. Abrió una cuenta en la ferretería local y siempre que necesitaba herramientas, madera o clavos, iba a buscar los materiales necesarios. Con todo esto, no terminé el barco, ya que me fui de Jamaica para ir a la universidad en Inglaterra antes de terminarlo. Un pescador local se lo compró a mi madre después de mi partida.

Fue en esta época de mi vida que también tuve tiempo para practicar la pintura al óleo. Pinté un retrato de mi hermana a partir de una fotografía en blanco y negro que nos envió desde Londres, donde estudiaba derecho.

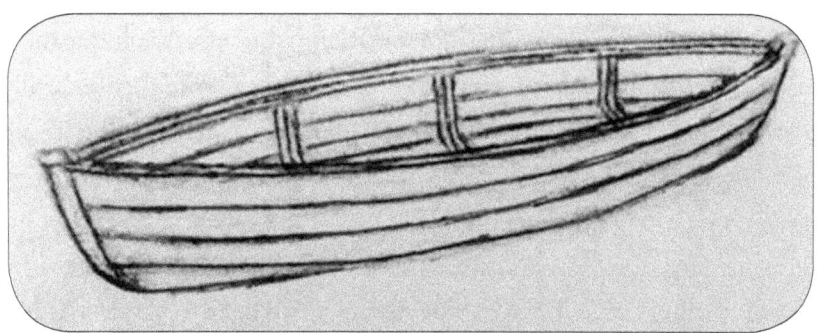

(Ver retrato abajo).

Tenía entonces unos 19 años y necesitaba tomar decisiones importantes sobre mi vida. Era la oveja negra de la familia y no iba a ninguna parte.

Fue durante mis últimos años de secundaria que comencé a explorar diversas teorías o filosofías de la vida, incluyendo las religiones orientales e incluso el ocultismo. Necesitaba encontrar una filosofía que satisficiera mi comprensión básica de la vida en ese momento.

*MI PRIMER RETRATO
AL ÓLEO*

Una tarde, mientras experimentaba con el ocultismo, acababa de llegar de la escuela y comencé a leer uno de mis libros. Encontré un capítulo que describía los pasos para teletransportar el espíritu. Según el libro, el espíritu abandonaría el cuerpo e iría a donde uno quisiera. Seguí los pasos indicados y algo sucedió, pero no fue lo que esperaba.

Estaba acostado boca arriba en la cama, siguiendo los pasos, cuando me di cuenta de que no podía moverme. Estaba completamente consciente y despierto, así que empecé a sentir mucho miedo. Por mucho que lo intentara, no podía moverme.

Estaba totalmente consciente de todo lo que sucedía a mi alrededor. Veía cómo la cortina de la ventana subía y bajaba lentamente. Oía el viento que la movía lentamente y luego se desvanecía en el ambiente exterior: el ruido de los pájaros y otros sonidos aleatorios. Empecé a entrar en pánico, pero no pude pedir ayuda, ya que también había perdido la voz. No tengo ni idea de cuánto duró esto, y puede que solo fueran unos segundos, pero pareció eterno. Con la adrenalina acumulándose en mí por el pánico, logré mover un brazo, luego el otro y finalmente todo el cuerpo.

Esa fue la última vez que me metí en lo oculto. Me sentí totalmente fuera de control y no quería volver a sentirme así nunca más.

Esta etapa de mi vida fue muy decepcionante para mis padres, en particular para mi padre, quien era abogado y creía firmemente que una buena educación era esencial para el éxito en la vida. Quería que fuera a la universidad inmediatamente después de terminar la preparatoria, pero definitivamente no estaba listo.

Recuerdo que me decía que no tenía ambición y que los artistas nunca ganaban lo suficiente para mantenerse, y mucho menos para formar una familia. Me daba clases extra de latín, pues creía que una persona no estaba completamente educada si no estaba familiarizada con el idioma del que derivan la mayoría de las lenguas modernas. Las clases se impartían en nuestra terraza, donde todos mis amigos y vecinos podían ver. Se burlaban de mí haciendo muecas desde la distancia mientras me veían retorcerme cuando no podía responder a una pregunta de la lección del día.

Mi padre fue autodidacta tras terminar la secundaria. Aprendió derecho por su cuenta, recibiendo todos los cursos y exámenes necesarios por correo desde Inglaterra. Era muy motivado y esperaba que su hijo obtuviera mejores resultados que él. Fui una decepción para él durante la mayor parte de mi adolescencia, pero después de asistir a la escuela de ingeniería y obtener un posgrado, creo que me redimí. Incluso se ofreció a pagar mi maestría, pero ya me habían concedido una extensión de mi beca del gobierno y ya no necesitaba su ayuda.

Un tiempo antes de morir, me dijo que la ingeniería le parecía una profesión muy interesante y que siempre se preguntaba cómo flotaba en el agua un enorme petrolero de acero. Me alegró la oportunidad de explicarle el principio de Arquímedes de flotación. No creo que lo entendiera del todo, aunque creyó lo que le dije.

El principio de Arquímedes establece que un objeto flotará en el agua cuando desplace un volumen de agua igual a su peso. El agua pesa 62 libras por pie cúbico, por lo que soportaría un objeto de 62 libras si este desplazara un pie cúbico de agua al colocarlo sobre su superficie. Por lo tanto, el petrolero desplaza un volumen de agua igual a su peso. Este principio se aplica a cualquier líquido.

Recuerdo que mi madre era una persona muy amable. Daba todo lo que tenía a los necesitados y era muy querida en el pueblo. Necesitaba a alguien como ella para mantenerme en equilibrio. Era muy cercana a ella y sentía que podía hablar con ella de cualquier cosa sin que me juzgara.

Era secretaria de la United Fruit Company, una de las empresas de transporte de banano, la principal industria del pueblo. Su trabajo incluía tareas administrativas como mecanografiar documentos y extender cheques para pagar a los proveedores de banano que vendían su producto cosechado semanalmente.

A veces la observaba mientras escribía cheques para algunos proveedores y no podía evitar fijarme en las cantidades de algunos de ellos. Estas personas ganaban decenas de miles de libras esterlinas a la semana, y en algunos casos cientos de miles. Era mucho dinero en la década de 1950.

Siempre que pienso en las maravillas del procesamiento de textos, recuerdo a mi madre en aquellos tiempos del papel carbón. Las copias mecanografiadas se hacían con papel carbón. Si cometías un error, tenías que parar y borrarlo del original y de todas las copias, que a veces eran 5 o 6. No solo llevaba mucho tiempo, sino que también era un desastre. Aunque cometía pocos errores y era buena corrigiendo, aún podía ver su cara de frustración cuando se equivocaba, pues sabía lo que tenía que hacer.

El dueño de una plantación, para quien a veces hacía trabajo especial de secretaria, tenía una de las propiedades más grandes, con cientos de acres de plátanos, por lo que recibía un generoso cheque semanal. En los "Días del Plátano", lo veía entrar a la oficina desde su Mercedes Benz con chófer para ver cómo iban las cosas y hablar con el personal. Luego salía al embarcadero frente a la oficina, con vistas al puerto, para observar las operaciones de transporte. También poseía dos lanchas con motores Mercedes Benz, que utilizaba para pescar y para arrastrar los barcos bananeros hasta los barcos. Un mecánico de Mercedes Benz lo visitaba anualmente para realizar el mantenimiento rutinario de las embarcaciones.

Fue en una de estas lanchas donde nos prometieron un paseo el sábado por la tarde para el personal de la oficina y sus familias. Yo tenía entonces unos 8 años. Había esperado con ilusión ese día. Era una tarde preciosa con el sol brillando sobre el océano. Esperamos y esperamos, pero él nunca llegó. Debió de haber una buena razón por la que no pudo venir, pero como no había teléfono en casa en ese momento, no sabíamos qué había pasado. Esta fue probablemente una de las experiencias más decepcionantes de mi infancia y todavía pienso en ella. Creo que lamentaba mucho habernos decepcionado, ya que le daba a mi madre los calendarios y catálogos anuales de Mercedes Benz para que me los diera. Funcionó porque siempre esperaba con ilusión recibir mis catálogos y calendarios anuales. Mi madre siempre me regalaba las revistas de la United Fruit Company con fotos de la flota de todos sus barcos. Era un verdadero regalo para un niño pequeño.

Pensaba que los Mercedes eran los coches más elegantes. Un día, un vendedor ambulante llegó al pueblo y se detuvo en la oficina. Adivinas qué vendía? Juguetes de pilas, lo último en juguetes de cuerda. Tenía camiones de bomberos y coches, pero había un Mercedes Benz deportivo rojo "Alas de Gaviota" que me llamó la atención. No era barato, pero de alguna manera convencí a mi madre para que me lo comprara.

Después de que me lo compró, estaba completamente absorto en este juguete. Jugué con él desde que lo recibí hasta que me reuní con mis amigos esa tarde. Tenía muchas ganas de presumir de mi coche nuevo. Lo pasaron para que cada uno pudiera examinarlo y jugar con él. Entonces le llegó el turno a un niño.

Ya sabes, en todos los grupos siempre hay uno del que te preguntas si es realmente un amigo de verdad. Ahora le tocaba jugar con mi coche. Lo recogió, lo miró y luego lo dejó caer. No supe si fue a propósito, pero el coche dejó de funcionar.

Llegué a casa con mi coche averiado y lo desarmé para intentar arreglarlo, pero no conseguí que funcionara. Luego se lo llevé a mi amigo Maxie para ver si podía arreglármelas. Maxie era como un hermano mayor para mí y mi madre lo quería y confiaba en él. Solo tuve que decirle que iba a casa de Maxie y no me hizo más preguntas.

Trabajamos en el coche durante varias horas, pero seguíamos sin conseguir que funcionara. Lo intentamos todo, pero nada funcionó. Al final, tuvimos que rendirnos, pero nunca he olvidado la decepción y el arrepentimiento por haberle enseñado mi coche a ese amigo.

Creo que fue entonces cuando se sembró la semilla de mi interés por la ingeniería. Aproveché cada oportunidad para aprender cómo funcionan las cosas y cómo diseñarlas y construirlas.

Al principio, construía mis modelos con madera, metal y plástico. Más tarde, usé fibra de vidrio y fibra de carbono. Estos son materiales de fabricación habituales, por lo que me enfrentaba a los mismos retos que en una fábrica.

Mi Educación

El sistema educativo en Jamaica comenzaba con el jardín de infantes y luego la escuela primaria, aproximadamente a los seis años. Nos enseñaban lo básico: inglés, literatura inglesa, aritmética, geometría, álgebra y algunas ciencias básicas. Además, había economía doméstica para las niñas y carpintería para los niños.

A la edad de unos diez años, ya estabas preparado para tomar el Examen de Beca, que uno debía aprobar para ser aceptado en la Escuela Secundaria.

Teníamos muy buenos profesores que dedicaban tiempo extra a los estudiantes después de clase para ayudarlos a prepararse para los exámenes de beca. Yo era un estudiante muy dedicado y recuerdo resolver 100 problemas de matemáticas a diario, en condiciones de examen, para prepararme para los exámenes de beca.

Ya había presentado el examen para la beca y estaba esperando los resultados. La mañana en que se publicaron los resultados en el periódico jamaicano The Daily Gleaner, al revisar la lista, no vi mi nombre. Pensé que me había ido lo suficientemente bien como para aprobar, así que me sentí muy decepcionado. Estaba muy preocupado porque sabía que mis padres, especialmente mi padre, no estarían contentos y tendría que dar muchas explicaciones. No pasó mucho tiempo cuando uno de mis amigos, que también estaba buscando su nombre en el periódico, dijo: "Si yu name ya". Esto en dialecto jamaicano significa "Tu nombre está aquí". ¡Me sentí muy aliviado! La razón por la que no pude encontrar mi nombre fue que lo estaba buscando en el lugar equivocado. Me habían concedido una beca especial y mi nombre estaba impreso en un lugar aparte, junto con el de otros estudiantes que también habían recibido un reconocimiento especial.

Todos tenían grandes expectativas sobre mí en la preparatoria, pero mi rendimiento fue promedio y definitivamente no cumplí con las expectativas de mi padre. Después de los dos primeros años en la primera preparatoria, me transfirió a un internado en Kingston, ya que pensó que sería un mejor ambiente laboral y un lugar donde podría concentrarme en mis estudios.

Odiaba el internado y seguí siendo un estudiante promedio, pero aprobé mis exámenes de nivel ordinario y avanzado como preparación para la universidad. Los dos últimos años de secundaria, me quedé con unos tíos que vivían en Kingston. Ya no asistiría al internado.

Después de terminar la secundaria, durante el primer año me quedé en casa en Oracabessa y exploré mis aficiones, como la pintura al óleo, la carpintería y la electrónica. La electrónica también se convirtió en uno de mis intereses, ya que siempre me ha gustado la música y escuchaba la radio para escuchar la música popular de la época. Construí amplificadores y preamplificadores, a partir de circuitos publicados en revistas de electrónica popular, para mejorar la fidelidad de la música.

Cuando tenía unos 20 años, conseguí trabajo como cajera en un banco. Probablemente no fue la mejor opción, ya que en aquella época los empleados del banco eran conocidos por beber y salir de fiesta, y yo era uno de ellos.

Trabajé en el banco menos de dos años y luego conseguí otro trabajo como auditor en la Oficina de Tribunales. Esto duró solo unos meses, ya que pronto me di cuenta de que necesitaba un cambio y solicité y obtuve una beca del gobierno para estudiar ingeniería en la universidad en Inglaterra.

Me fui de Jamaica a Inglaterra en 1970 para continuar mis estudios superiores. Realicé mis prácticas en una empresa llamada Metro-Cammell. Allí construían autobuses y trenes, incluidos los utilizados en el sistema de transporte subterráneo de Londres (Tube). También construían autobuses y trenes para los países de la Commonwealth, como Jamaica e India. Mi formación se extendió entre seis meses allí y seis meses en la universidad, donde obtuve mi primer título.

En Metro-Cammell, me capacité en cada departamento, inicialmente en el Centro de Capacitación, donde aprendí a operar máquinas de producción como el torno, la fresadora, la perfiladora y la rectificadora de superficies.

Antes de que me permitieran acercarme a una máquina, tuve que aprender a usar las manos con gran precisión, limando una pieza de acero hasta que quedara perfectamente cuadrada en todas sus dimensiones. Se trataba de una pequeña pieza de acero dulce, de uso común en la industria manufacturera, cortada en bruto a partir de una placa de aproximadamente 3 mm de grosor, 15 cm de largo y 5 cm de ancho. Me dieron una lima de mano para transformar esta pieza de acero en bruto a una tolerancia de 5/1000" en todas sus dimensiones. Me parecía una tarea imposible, pero otros aprendices lo hicieron antes que yo y exhibieron su trabajo terminado como prueba de que era posible.

Quizás se pregunte cómo iba a saber cuándo había alcanzado el éxito. Además del acero y la lima, me dieron una referencia, llamada escuadra (Fig. R1a). Esta es una herramienta de referencia perfectamente cuadrada, lisa y plana sobre las superficies de referencia. Tiene forma de "L". La sección perpendicular forma un ángulo perfecto de 90 grados. Esta fue mi referencia para la perpendicularidad y la planitud. Esta es una de las herramientas de referencia que sigue siendo invaluable hoy en día. Para medir las dimensiones, se utilizó un calibrador Vernier. Esta es una herramienta de medición de alta precisión, con una exactitud inferior a 1/1000 de pulgada.

Para usar la escuadra como referencia, al sostenerla contra la pieza de trabajo, si se veía que la luz se filtraba entre las superficies en contacto, se debía continuar limando, ya que el lado en el que se estaba trabajando no era plano o no estaba en escuadra. Para lograrlo, cada una de las cuatro esquinas debía estar en escuadra con respecto a las esquinas adyacentes, así como el grosor, en relación con las superficies planas más grandes. Véanse las figuras R1a y R1b a R3a y R3b a continuación.

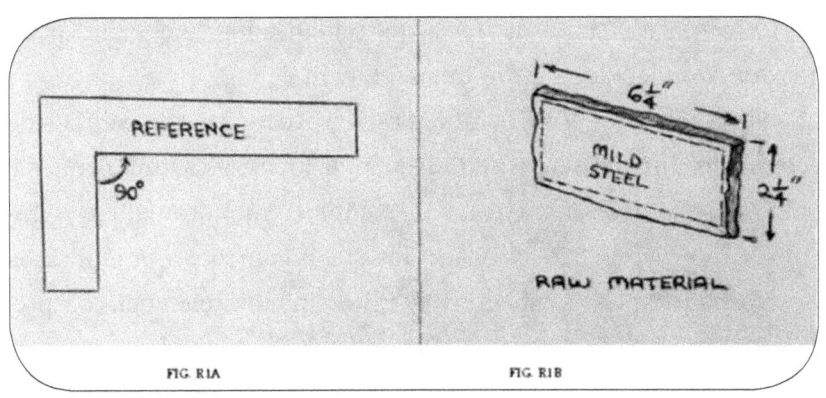

FIG. R1A   FIG. R1B

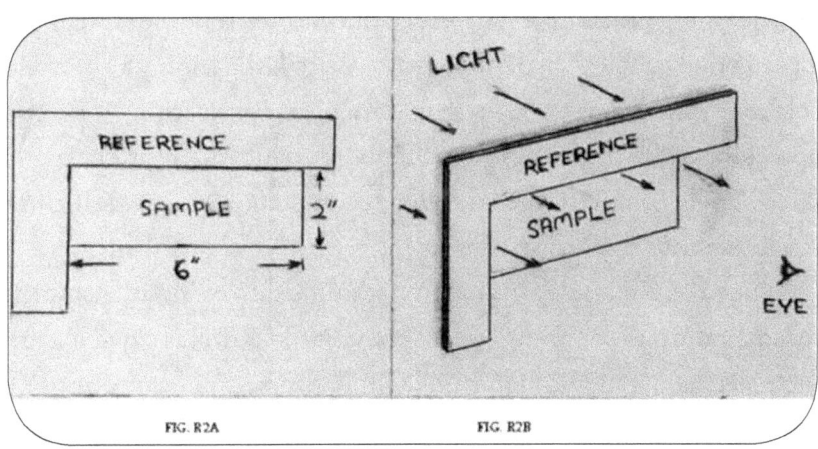

FIG. R2A   FIG. R2B

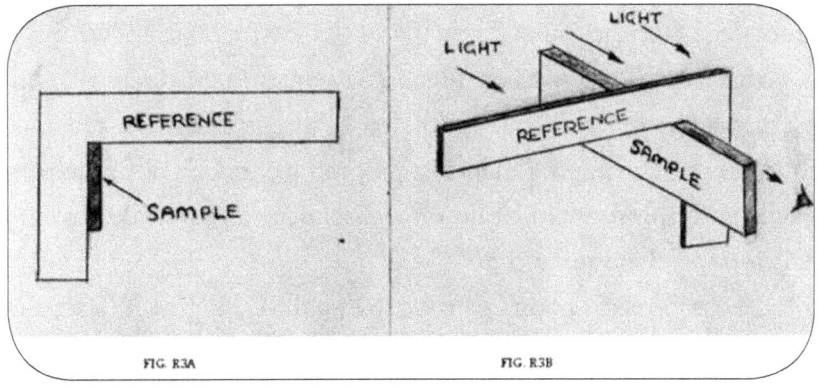

FIG. R3A   FIG. R3B

Creo que me tomó de dos a tres semanas lograr el éxito, pero, una vez completado, me dio una sensación de logro.

No dediqué todo mi tiempo a este proyecto, ya que habría sido demasiado. Mis músculos se fatigaban al sostener la lima pequeña, intentando completar la tarea. Para romper la monotonía, me asignaron otros proyectos, pero se esperaba que finalmente terminara este.

No habría podido alcanzar el éxito sin una referencia de precisión comprobada. Tenía que completar este proyecto antes de poder aprender a operar las máquinas, así que era importante.

Tras el centro de formación, trabajé en los departamentos de Diseño y Fabricación, donde redacté informes sobre lo aprendido en cada uno de ellos. El departamento de Investigación y Desarrollo colaboró estrechamente con el de Diseño y Fabricación, y tuve la oportunidad de probar nuevos diseños y verificar la resistencia a la tracción y la compresión en diferentes condiciones de carga. Incluso diseñé algunos diseños sencillos.

Luego pasé a los departamentos administrativos, donde también redacté informes sobre sus operaciones. Por lo tanto, la capacitación fue práctica y la mejor manera de familiarizarse con los procesos de diseño, fabricación y administración.

El ejercicio de limado manual me enseñó a desarrollar paciencia y a apreciar lo que se necesita para lograr resultados precisos en el proceso de fabricación.

Mi tesis de maestría en ingeniería consistía en desarrollar un programa informático que facilitara el diseño de un sistema de control estable para una máquina de producción con el fin de producir piezas precisas. El título era "Diseño de Sistemas de Control Asistidos por Computadora".

Desarrollé el programa y probé su estabilidad ingresando señales de prueba como una onda sinusoidal, respuesta escalonada, rampa y otras formas de onda.

La primera prueba del programa falló. Posteriormente, comprobamos que todos los cálculos del programa eran correctos, excepto la escala en la pantalla del osciloscopio, que inicialmente mostraba una línea plana con cada señal de entrada. Controlé cada señal de entrada y conocía la salida esperada, pero esta no coincidía con la entrada.

Entonces, a mi profesor se le ocurrió la brillante idea de cambiar la escala del eje Y. Esto marcó la diferencia, porque ahora aparecía el gráfico correcto en la pantalla.

Esto me indicó que cada paso del camino es crucial. Toda la secuencia debe ser precisa y completa para poder alcanzar el objetivo final y, por lo tanto, el éxito. Debe haber una secuencia de eventos establecida que parta de una referencia fija, con todos los pasos completados con precisión para poder finalmente alcanzar el éxito. Este no es un proceso aleatorio.

El éxito no llega al azar. Requiere un esfuerzo decidido y concentrado. Hay que conocer el resultado deseado, seguir los pasos secuenciales y hacer el esfuerzo necesario para lograrlo. El tiempo no es el elemento más importante, aunque sí es un componente necesario. Hacia el final, se hizo evidente que, incluso si todos los demás pasos habían sido correctos, era igual de importante que el último también lo fuera.

Desarrollar este programa me hizo darme cuenta de que el más mínimo error podía resultar en un fracaso. Cada paso debía ser correcto para que todo el sistema funcionara correctamente.

Tras completar mis estudios en Inglaterra en 1975, regresé a Jamaica y trabajé en la industria manufacturera durante unos dos años antes de emigrar a Estados Unidos en 1977.

Me casé en Inglaterra antes de regresar a Jamaica. Nuestra primera hija, Lisa, nació allí, menos de un año antes de que me graduara de la Universidad de Birmingham. Tras regresar a Jamaica,

JOHN CONSTANTINE CAPLETON

nació nuestra segunda hija, Stephanie. Quince años después, nació nuestra última hija, Marissa, en Glendale, Arizona, donde vivimos actualmente.

Nunca había sido verdaderamente religioso, pero siempre creí que había una fuerza unificadora en el universo. Esta fuerza existía, pero, para mí, siempre estaba muy lejos, en algún lugar allá arriba, inalcanzable, en los cielos.

De niño, iba a la iglesia los domingos porque mis padres me exigían que aprendiera sobre Dios. Para ellos, era lo correcto. Cuando viví solo durante los siguientes treinta años, solo asistía a la iglesia en Navidad y en ocasiones especiales como bodas y funerales.

Todavía creía que existía una fuerza unificadora, pero seguía estando fuera de mi alcance. Para esa fuerza, yo era insignificante y sin importancia, o quizás inexistente. Solo pensaba en Dios ocasionalmente, cuando estaba en estado de reflexión.

Tenía más de cincuenta años cuando las cosas cambiaron drásticamente en mi vida. Una serie de revelaciones sobre la vida y el proceso de la creación hicieron que todo empezara a aclararse y cobrara sentido.

Cuando miro hacia atrás, puedo ver cómo ha influido en toda mi vida. Esto incluyó mi elección de carrera y mis aficiones. Es como si estas hubieran sido elegidas por mí, y todo lo que hice fue cumplir el propósito. Este propósito no era mío, así que debió provenir de una fuente externa; una fuente superior, la fuente a la que llamamos Dios.

INTRODUCCIÓN

Todos nos enfrentamos a las mismas preguntas: Cómo empezó todo esto? Cuál es el propósito de nuestra existencia? Qué papel desempeñamos?

Nacemos en un mundo que inicialmente nos es ajeno. Tenemos que aprenderlo todo sobre este mundo material y espiritual. Todos comenzamos en el mismo punto, el nacimiento, y luego crecemos gradualmente a través de la infancia, la edad adulta y, finalmente, la vejez, si tenemos la suerte de tener una esperanza de vida promedio.

Algunos creen que esta es una existencia aleatoria sin un propósito real. Otros creen que existe un verdadero propósito para nuestra existencia y que nuestras vidas son el cumplimiento de este gran propósito.

En este libro, analizaré ambas creencias para intentar determinar cuál se ajusta mejor a cómo se manifiesta nuestro mundo y al posible origen de su existencia. Descubriremos que no hay nada aleatorio en el orden que vemos y experimentamos. El orden y la aleatoriedad son mutuamente excluyentes. Las leyes que rigen nuestro mundo material son fijas e inmutables. Juntas, generan un orden universal.

Al analizar estas leyes, veremos que trabajan juntas con un mismo propósito: mantener la armonía en el universo. Esto indica que la fuente de estas leyes también es fija e inmutable. Esta es la única conclusión, ya que solo una fuente así podría generar y mantener dichas leyes. Determinaremos que solo Dios tiene los atributos para ser la fuente de nuestra existencia.

Para guiarnos en esta vida y determinar nuestro propósito aquí, debemos considerar dónde nacimos y los dones o talentos que recibimos, así como nuestras experiencias desde la infancia hasta la edad adulta y la vejez. Estas moldean nuestras vidas y nos enseñan sobre el mundo. Primero, compartiré con ustedes algunas de mis experiencias, desde mi nacimiento hasta la edad adulta y la jubilación, como ejemplos de cómo estas experiencias me moldearon y me guiaron hacia mi propósito en esta vida.

LA LEY ABSOLUTA DEL ORDEN Y LA VERDAD UNIVERSALES

"Todo sistema ordenado, incluido el Universo, debe tener una referencia fija y ser de Diseño Inteligente"

ESTA LEY DISEÑÓ el universo para que fuera un sistema ordenado. Sin ella, no puede haber orden. Si se rompe, se introducirá desorden en el sistema y solo habrá un orden parcial. Además, una vez introducido el desorden, el orden se verá afectado y comenzará a erosionarse, y continuará haciéndolo. Este es el universo en el que vivimos.

Como se indicó anteriormente, cuando observamos nuestro universo, vemos tanto orden como desorden.

Examinemos primero el orden. Si observamos cualquier sistema ordenado, observamos que existen ciertos atributos que reconocemos para concluir que el sistema está ordenado. Algunos de ellos se enumeran a continuación:

- Simetría
- Armonía
- Consistencia

- Tema
- Balance
- Estabilidad
- Ciclos fijos
- Secuenciación fija
- Estética
- Estructura
- Previsibilidad
- Patrona
- La presencia del propósito
- La presencia de límites
- La capacidad de ser definido

Un sistema ordenado puede reconocerse por tener una o más de las características anteriores.

Vemos estas características a nuestro alrededor. Son un indicio de cómo se manifiesta el orden.

Al intentar desarrollar un sistema ordenado, hay ciertos aspectos que debemos tener en cuenta. Primero, desarrollamos un plan con una referencia fija, comenzamos y luego construimos el sistema hasta completarlo. Dependiendo del sistema que estemos creando, hay pasos secuenciales específicos que debemos seguir. También debemos reconocer cuándo el sistema está completo y funciona según lo diseñado. Este no es un proceso aleatorio ni fortuito, sino que requiere inteligencia. Es nuestra inteligencia la que define el sistema. No hay excepciones a este proceso.

Los requisitos básicos para el desarrollo de un sistema ordenado son una referencia fija y la inteligencia para definir la secuencia. La inteligencia fija la referencia y define los pasos secuenciales necesarios para desarrollar el sistema. Esto aplica a cualquier sistema ordenado creado por el hombre u otra criatura viviente inteligente.

Para lograr esto, la inteligencia debe ser externa al sistema para que tenga una perspectiva objetiva. De lo contrario, no podrá desarrollar un sistema independiente y definible. Si formamos parte de un sistema, estamos influenciados por él y, por lo tanto, no podemos analizarlo objetivamente. Antes de iniciar un sistema ordenado, debe planificarse. La planificación solo puede iniciarse desde fuera del sistema.

Si ahora analizamos el desorden o la aleatoriedad, descubrimos que ninguno de los dos puede definirse con precisión. Si algo no se puede definir, no se puede reproducir. A nivel nanométrico (nivel fundamental), los átomos y las moléculas pueden definirse con precisión, al igual que los sistemas ordenados. Esto significa que los componentes básicos de toda la materia están ordenados. De esto podemos concluir que son de diseño inteligente. Por lo tanto, todos los sistemas ordenados deben incorporar materia y componentes fundamentalmente ordenados para que el sistema completo pueda estar ordenado.

Por el mismo razonamiento, el universo debe tener un diseño inteligente porque es un sistema ordenado. La inteligencia es lo que define el orden. En cuanto a la materia, tanto la materia desordenada como la aleatoria son la materia prima para crear un sistema ordenado. Se requiere inteligencia para utilizar estas materias primas y transformarlas en sistemas ordenados independientes. También se requirió inteligencia para crear los componentes fundamentales de los sistemas ordenados (átomos y moléculas).

Podemos confirmar esta verdad examinando cualquier sistema ordenado. El orden no se puede lograr aleatoriamente. Tampoco por casualidad. Se requieren actos intencionales y determinados para lograrlo. Además, solo el diseñador inteligente es capaz de reconocer cuándo el sistema está completo y funciona según lo diseñado.

Si examinamos el orden espiritual, el principio es el mismo. Esto significa que la siguiente afirmación es 'Verdad Absoluta'.

'Todo sistema ordenado, incluido el universo, debe tener una referencia fija y ser de diseño inteligente'.

Ahora, veamos al Dios de la Biblia. Dios tiene los siguientes atributos, entre muchos otros.

- Él es Eterno
- Él es el único Dios y no hay otro.
- Él no cambia

Estos atributos habrían sido fundamentales para iniciar un sistema absoluto y ordenado.

1. Para iniciar un sistema absolutamente ordenado, tiene que existir un Dios Eterno. Él no fue creado. Siempre existió en forma de energía e inteligencia infinitas. No podemos comprender el concepto de eternidad porque estamos atrapados en un sistema temporal.

2. Él debe ser el único Dios, ya que solo puede haber una fuente última de control en cualquier sistema ordenado, especialmente si existen subsistemas adjuntos. Todos los sistemas deben operar en armonía y, por lo tanto, deben estar bajo un control único. De lo contrario, habrá caos y desorden.

3. Dios no cambia. Esto es crucial para el desarrollo de cualquier sistema ordenado, especialmente para el desarrollo de los sistemas más complejos, como el Cielo y el Universo. Si la referencia cambia en un sistema existente,

se desarrolla desorden. En el mundo material, un cambio de referencia se manifiesta como desorden material. En el mundo espiritual, se manifiesta como pecado.

El orden es producto de la inteligencia. Así es como identificamos a un diseñador inteligente: por el orden inherente al diseño del producto. El orden es la forma en que se manifiesta la inteligencia. No puede haber orden sin inteligencia. La inteligencia define el orden. Esta es la Verdad Absoluta.

Dado que los elementos fundamentales del universo están ordenados, debe haber existido un diseñador inteligente. Este diseñador inteligente es a quien llamamos Dios. No puede haber otro.

Si hubiera otro diseñador iniciador, los elementos fundamentales no tendrían propiedades ni estructura similares. No habría armonía, pues existirían diferencias fundamentales que la impedirían. En el mundo espiritual, no habría paz ni alegría, pues existiría una interferencia constante de fuerzas discordantes, posiblemente tan poderosas como el orden que conocemos. La paz y la armonía que hemos llegado a conocer provienen de una fuente singular: Dios.

Si no puedes definir algo, no puedes reproducirlo. Si no puedes reproducirlo, el orden y, por ende, la vida tal como la conocemos, serían imposibles. Solo la inteligencia puede definir, y por lo tanto, solo la inteligencia puede crear orden y, por ende, vida. Este no es un proceso aleatorio. Es fundamental establecer una referencia para que se inicie cualquier sistema ordenado. Esta referencia no cambia. Dios no cambia y, por lo tanto, es la referencia perfecta para la creación del orden y la vida. Solo hay una Verdad, como solo hay una referencia espiritual, y esa referencia no cambia.

Si te encuentras en un sistema material o espiritualmente ordenado y pierdes tu referencia, te pierdes. Una vez perdido, no puedes reconocer ni localizar la verdadera referencia dentro del sistema.

Esto se debe a que ya no tienes una referencia verdadera que puedas usar para navegar. Solo una fuente externa al sistema, que conoce la verdadera referencia, puede guiarte de vuelta a la verdad. Por eso, un sistema ordenado solo puede ser iniciado por una fuente inteligente externa al sistema, utilizando la referencia que no ha sido contaminada con desorden (la referencia verdadera). Para que la referencia se mantenga verdadera, debe establecerse y supervisarse desde fuera del sistema.

El orden perfecto es eterno. Un sistema ordenado solo se deteriora si se introduce el desorden. La inteligencia reconoce la diferencia entre orden y desorden y puede elegir entre ambos.

La entidad con Inteligencia Absoluta posee Conocimiento y Control Absolutos sobre todos los sistemas. A esta entidad la llamamos Dios.

Quizás te preguntes qué es un sistema ordenado. Aquí tienes algunos ejemplos:

- Todos los seres vivos
- Todas las cosas hechas por el hombre
- Las cosas hechas por criaturas inteligentes.
- Un átomo
- Una molécula
- El Universo
- Cualquier cosa a la que podamos darle sentido.
- Cualquier cosa que se pueda definir
- Todo lo que sea o pueda ser reproducido

Qué dice el Dios Eterno acerca de Sí mismo:

"Yo soy Dios y no hay otro"

"Soy el mismo ayer, hoy y siempre"

"Soy eterno"

Los atributos anteriores son cruciales para un creador. Solo Dios define el orden espiritual y ético. El hombre tiene autoridad para definir sistemas materiales ordenados.

Basándonos en el razonamiento anterior, podemos ver claramente que Dios nos ha revelado las pistas necesarias para que concluyamos que Él es el Único Dios Verdadero.

EL MITO SOBRE LA EVOLUCIÓN

L A HUELLA DE Dios es evidente en la estructura del universo. Aquí he analizado la evidencia científica que demuestra, más allá de toda duda razonable, la existencia de Dios.

Introducción

Este libro presenta un concepto singular que constituye la esencia del universo. Singular significa que su origen es una sola fuente. Se manifiesta como un tema recurrente en todo el universo, así como en nuestra vida cotidiana. Es tan simple que lo damos por sentado, pero representa una conexión entre la materia y la vida. Ambas exhiben la misma VERDAD básica en cuanto a su origen, una verdad que se refleja en todo lo que hacemos, en nuestra forma de pensar y, de hecho, en todo lo que pueda definirse como ordenado.

Al investigar un incidente como un robo, es posible que inicialmente no se sepa quién cometió el delito. Por lo tanto, se debe comenzar con la escena del crimen para obtener pistas sobre lo sucedido. Se buscan huellas dactilares y, ahora, DNA, características únicas de un individuo. El modus operandi es otra forma de identificar al autor. Muestra el patrón en el que cada individuo actúa con su estilo particular. Además, se buscan artículos que puedan rastrearse hasta una sola fuente. Si se pueden conectar todas las pistas con una sola persona, se habrá encontrado al autor. Ahora utilizaremos este mismo razonamiento para intentar determinar el origen del universo.

Toda la naturaleza sigue leyes fijas, cuyas características hemos determinado mediante la observación y la experimentación minuciosas. No podemos cambiar estas leyes, por lo que hemos aprendido a utilizarlas en nuestro beneficio descubriendo maneras de compensar sus efectos para lograr un resultado específico o mejorarlo.

Solo los sistemas ordenados con referencias fijas pueden usarse para describir o simular el universo en el que vivimos. Esto indica que el universo mismo está ordenado y tiene una referencia fija. Mediante la observación, sabemos que el universo es un sistema ordenado. También es evidente que todas las referencias están conectadas a una fuente singular. En otras palabras, todos estamos conectados. Esto es evidente en que somos plenamente conscientes unos de otros y podemos interactuar entre nosotros y con nuestro entorno.

Las leyes de la naturaleza incluyen las relacionadas con la gravedad y las fuerzas nucleares, la termodinámica y el electromagnetismo. Incluso hemos desarrollado ecuaciones para definirlas matemáticamente y determinar la relación matemática entre ellas, lo que facilita su uso en aplicaciones prácticas. Estas aplicaciones incluyen la investigación en física, química, biología y ciencia nuclear, y han dado lugar a todos los inventos científicos.

Creo que todos deberían intentar comprender este concepto. Al leer este libro, usen su propio razonamiento, experiencia y criterio para determinar si creen que esto es VERDAD.

Si crees en Dios y Jesucristo, este libro te dará más confianza para compartir tus convicciones. Si no lo crees, te hará cuestionar la evolución, si es lo que crees actualmente. Si eres ateo, te dará elementos para reflexionar sobre la existencia del universo y su origen. Si nada de esto te importa, aun así será una lectura interesante.

Aquí, he analizado una vida humana típica y he examinado la experiencia humana desde el nacimiento. Todos tenemos la misma experiencia de tomar conciencia de nuestra existencia y prepararnos para una vida en este mundo.

Nacemos con las herramientas necesarias para interactuar, apreciar y aprender sobre el mundo en el que vivimos. Tenemos un cerebro que nos hace seres inteligentes y cinco sentidos que nos permiten interactuar con nuestro entorno. Nuestros cinco sentidos proporcionan información que se transmite al cerebro para su interpretación. Todos son monitoreados y controlados por un controlador central: el cerebro. Todo esto nos fue dado sin ninguna contribución de nuestra parte.

Alguna vez te has preguntado de dónde vienes y cuál es tu propósito en esta tierra? He pensado en esto toda mi vida, pero sin mucho éxito, hasta ahora. En ese momento, miré hacia atrás para ver si encontraba un patrón o alguna indicación sobre mi origen y propósito. Examiné mi vida desde mi primer recuerdo, pasando por la infancia, la escuela, el trabajo y ahora la jubilación.

Cuáles fueron las experiencias más importantes que moldearon mi vida y me convirtieron en la persona que soy hoy? Creo que todos deberían hacerse estas preguntas. Les ayudará a tomar decisiones informadas sobre el rumbo que quieren seguir en la vida.

Al final de tu tiempo aquí, ¿estarás satisfecho con la vida que has vivido? Hay algo que querías lograr pero no lograste? Aún quieres lograr más?

Después de leer este libro, deberías tener una mejor comprensión y una interpretación racional del origen de la vida y del papel que cada uno de nosotros desempeña.

El universe

Miremos el universo y su tamaño infinito tal como lo observamos desde el planeta Tierra.

Cuando miraste al cielo por primera vez en una noche despejada y viste todas las estrellas deslizándose al unísono sobre el fondo oscuro, ¿recuerdas qué pensaste? El mío fue: "¡Qué insignificante soy en toda esta extensión infinita!". Una mirada a cámara rápida revela un movimiento lento y coreografiado con todos los planetas y estrellas moviéndose al unísono. Al ser la más cercana, la luna parece moverse contra este fondo, tan enorme y a la vez tan silenciosa.

Otra característica significativa de estos objetos es que todos tienen forma esférica. Esto, una vez más, manifiesta orden y una referencia común para todos ellos.

Ahora sé que había miles de millones de estrellas en mi mirada y comprendo la grandeza de lo que estaba viendo.

Fue a esta temprana edad que comencé a preguntarme: "De qué se trata todo esto?".Una cosa que sí concluí es que todo manifestaba "ORDEN". No hay caos en toda esta gigantesca extensión de grandes objetos en movimiento. No es aleatorio, porque siguen ciclos que se han repetido durante miles de millones de años y aún continúan haciéndolo. En ese momento de mi vida, solo tenía unos 7 años.

Con esto en mente, creo que todos podemos estar de acuerdo en que los planetas y las estrellas se mueven de forma ordenada en el espacio. Ordenada, en lugar de aleatoria o desordenada.

Ahora, ¡veamos el planeta Tierra! Hasta donde sabemos, es el único planeta con estas características en nuestra galaxia, o en cualquier galaxia que hayamos podido estudiar. Posee una abundante vida vegetal y animal que se complementa perfectamente. Tenemos un sol que hace posible la vida, tanto animal como vegetal. De hecho, este es el único planeta que conocemos donde existe vida. Esto demuestra lo singular que es que esta combinación exista en un solo lugar, el planeta Tierra.

La Tierra orbita alrededor del Sol de una manera que la hace ideal para el desarrollo y crecimiento de la vida en nuestro planeta. Es como si su órbita estuviera predeterminada.

Como mencioné anteriormente, la forma básica de un planeta o estrella es esférica.

Si examinamos su forma, cualquier esfera tiene un radio fijo. El radio de una esfera es constante desde el centro hasta cualquier punto de su superficie. Esta es la representación más simple para describir un objeto tridimensional y, con diferencia, la manifestación más común. La referencia fija es el centro de la esfera y cualquier línea recta igual al radio, desde el centro de la esfera, describe un punto de su superficie. También es interesante observar que los protones, neutrones y electrones se describen mediante la misma fórmula, pero a escala nanométrica.

Vida

La materia, tal como la conocemos en este universo, obedece a la ley de la entropía, la Segunda Ley de la Termodinámica. La entropía significa básicamente que, si no se modifica, con el tiempo la materia continuará deteriorándose o perdiendo energía. Las cosas solo mejoran si interviene una fuente con una influencia positiva. Esto implica la intervención de una fuente ordenada (no aleatoria). La entropía, en cambio, tiende a la aleatoriedad.

Debido a la entropía y la descomposición, cualquier sistema ordenado creado por el hombre comienza a deteriorarse inmediatamente después de su finalización. Inicialmente, el cambio es tan gradual que puede que ni siquiera lo notemos. Sin embargo, se hace evidente con el tiempo. Este cambio es el proceso de oxidación o descomposición y pérdida de energía o entropía. Continuará hasta alcanzar un estado estable de menor energía, donde el proceso se vuelve verdaderamente aleatorio. Por eso siempre necesitamos mantener los sistemas ordenados creados por el hombre para prolongar su vida útil.

'EL ORDEN REQUIERE MANTENIMIENTO CONSTANTE'

L A VIDA ES el único proceso autogenerado y autoconservador que desafía la entropía. Toma materia desordenada o aleatoria y la convierte en sistemas ordenados. La vida es capaz de reproducirse a sí misma y lo ha hecho durante millones de años. Esta es una capacidad única que no es coherente con la ley de la entropía que rige la materia. Algunos incluso argumentan que la vida no es de este mundo. Algo en lo que creo que todos estamos de acuerdo es que cualquier cosa que tenga vida es un sistema ordenado.

Creo que 'todo sistema ordenado, incluido el universo, debe tener una referencia fija y ser de diseño inteligente'. Te reto a encontrar un sistema ordenado que no tenga estos componentes esenciales.

Hemos descubierto que todos los seres vivos, ya sean plantas o animales, tienen un diseño de referencia fijo. Este es el DNA de cada especie. Ahora, solo nos queda demostrar que una fuente inteligente creó la vida.

Dado que no presenciamos la creación, todos tenemos nuestras propias creencias sobre cómo se originó el universo. Sin embargo, podemos buscar en la creación evidencia de su origen, ya que la huella o evidencia de las características del creador siempre está presente en cualquier creación.

El primer paso es examinar todos los sistemas ordenados para determinar si podemos encontrar alguno que no provenga de una fuente inteligente. Si no encontramos ninguno, podemos concluir razonablemente que la afirmación anterior es verdadera: que el orden es creado por la inteligencia y, por lo tanto, la vida tiene un diseño inteligente.

Si observamos cualquier sistema ordenado desarrollado por los seres humanos, podemos concluir que, sin excepción, fue creado por un diseñador inteligente. Si examinamos cualquier otro sistema ordenado en nuestro planeta, vemos que fue creado por una fuente inteligente. Una colmena (panal), un nido de pájaro y un hormiguero. Los organismos que los componen exhiben algún tipo de inteligencia.

Ahora bien, hemos analizado el universo y concluido que está ordenado. Entonces, según esta definición, debe tener una referencia fija y ser de diseño inteligente.

Los físicos nos han demostrado que nuestro universo se originó en un punto fijo en el tiempo, al que denominan «Big Bang». Dado que el Big Bang (la referencia fija) desarrolló un sistema ordenado, debe haber sido producto de una fuente inteligente. Solo la inteligencia puede definir y crear orden. Esto último no se puede probar, pero sí se puede demostrar más allá de toda duda razonable. Entonces, si esto es cierto, debe haber un DIOS, la fuente inteligente.

Vida Humana

La vida humana comienza con la fusión de dos células vivas, que se multiplican y crecen rápidamente. En pocas semanas, las células comienzan a especializarse para formar nuestros diversos órganos, nuestra estructura corporal, la forma de cada hueso y todo lo que nos hace únicos. Hemos descubierto que este proceso se produce según las instrucciones de nuestro DNA, el modelo de la vida. Los genes perfeccionan aún más estas instrucciones para incluir las similitudes familiares que se transmiten de padres a hijos.

El DNA es una estructura celular inteligente que incluso contiene la información sobre cómo formar y desarrollar un cerebro, que posiblemente realizará la función más importante de nuestro cuerpo. El DNA se encuentra en cada célula del cuerpo y ayuda a controlar y coordinar su desarrollo y función. Dado que el DNA de cada persona es diferente, puede utilizarse para identificar a cada individuo.

En el cuerpo humano, a lo largo de la vida, el DNA (y los genes) siguen controlando la generación y el desarrollo celular. Para cada individuo, todas las células generadas son exclusivamente suyas. Por eso, su cuerpo funciona como una unidad única. Cada célula puede identificarse como suya y rechazará a cualquier otra.

Para que el cuerpo funcione como una unidad (en armonía), debe existir un centro de control: el cerebro. A través del sistema nervioso central, este se conecta con los órganos y todas las demás partes del cuerpo. Es la referencia fija que el cuerpo necesita para funcionar con normalidad y como unidad.

Es innegable lo bien sintonizados que están nuestros cuerpos, hasta el punto de que incluso una pequeña desviación de la norma altera muchas otras funciones dentro de la cadena de control. Cuando el cuerpo funciona con normalidad, es prácticamente un milagro. Está diseñado para automantenerse, una capacidad que solo tiene sentido si el diseñador tuvo en cuenta el panorama general, incluyendo los posibles cambios ambientales que podrían afectar su funcionamiento normal.

Antes de que la memoria comience, no hemos desarrollado ninguna referencia consciente, por lo que nos parece que la vida solo comenzó cuando se activó la memoria consciente. Nuestra historia se convierte en una serie de eventos o recuerdos que comienzan desde el primero. El primer recuerdo es fijo y debe permanecer así para que desarrollemos una secuencia de conocimiento y seamos siempre conscientes de quiénes somos en relación con él. Esta es nuestra experiencia, la que nos define. Esto incluye a nuestra familia, amigos, gustos y disgustos, y el conocimiento adquirido tanto a nivel consciente como subconsciente. Es lo que nos hace únicos.

Para ayudarnos a desenvolvernos en la vida, cada uno de nosotros recibe aptitudes para adquirir conocimientos específicos, en los que destacamos sin mucho esfuerzo. A veces las usamos como guía para elegir nuestra carrera profesional. Se les conoce como "dones". Pueden ser aficiones o intereses personales, pero todos nos hacen únicos en un mundo con siete mil millones de personas. Cada uno de nosotros es único.

Para definir cómo nos vemos a nosotros mismos, utilizamos la referencia fijada por nuestro primer recuerdo, seguido de otros recuerdos en secuencia (conocimiento). Esta capacidad también está programada en nuestros descendientes. Esto solo es posible porque somos seres inteligentes. La inteligencia nos otorga esta capacidad.

'Somos' - Conciencia

En algún momento de este desarrollo nos damos cuenta de que existimos. «SOMOS». Esto ocurre a una edad temprana, probablemente entre los dos y los cuatro años. Es entonces cuando comienza la memoria consciente. Antes de esta edad, recopilamos información, consciente e inconscientemente, y adquirimos conocimientos que nos prepararán para la vida futura. Incluso en el útero, a medida que nos desarrollamos, adquirimos conocimientos. Este es el primer indicio de que somos seres inteligentes, pero aún no somos conscientes de nuestra existencia.

Para reconocer nuestra existencia, debemos desarrollar una referencia fija en el tiempo a partir de la cual iniciamos una secuencia de eventos de memoria asociados al orden del que ahora formamos parte.

Entonces, es como si se activara un interruptor y volviéramos conscientes. Ahora somos conscientes de nuestra existencia porque tenemos una referencia grabada sobre la que construimos con cada experiencia. Todo esto está programado o es automático. Hasta este punto, no hemos contribuido en nada al proceso de desarrollo. El mundo ya está ordenado, un hecho que pronto descubriremos.

La vida vegetal

El ciclo completo de la vida de una planta implica crecer desde una semilla hasta convertirse en una planta madura, para luego producir frutos y más semillas que eventualmente se convertirán en otras plantas para continuar el ciclo. Dentro de este ciclo, proporcionan alimento tanto a los animales como a otras plantas.

Si observamos una planta, mientras florece para dar fruto, suele haber numerosas flores. Las abejas se sienten atraídas por la polinización cruzada y la fertilización. Luego se produce un proceso de selección. La planta selecciona las flores más sanas para que continúen desarrollándose hasta convertirse en fruto. Es evidente que debe existir un estándar o umbral que determine esto. Este está preprogramado y la planta sabe qué flores rechazar según la probabilidad de supervivencia a lo largo del proceso de desarrollo. Este no es un proceso aleatorio e indica algún tipo de diseño inteligente. Si un fruto se daña prematuramente, de alguna manera la planta reconoce el problema y lo rechaza, si es lo suficientemente grave. Nuevamente, esto indica retroalimentación y monitoreo del proceso para asegurar un fruto sano. Esta es una respuesta programada que es mucho más que un proceso aleatorio.

Tierra

La Tierra es un planeta vivo. Si observamos la analogía entre la vida humana y la vegetal, vemos que el agua es el elemento común que sustenta y mantiene la vida en la Tierra. Al igual que la sangre y la savia en la vida animal y vegetal, respectivamente, el agua circula continuamente en la Tierra, dando vida a sus habitantes.

La lluvia y la nieve caen sobre la superficie terrestre, disolviendo los nutrientes del suelo para que las plantas los absorban. Para una mejor distribución del agua, los ríos y arroyos fluyen como arterias y venas, suministrando agua vital a toda la Tierra. El agua se evapora de la superficie terrestre y del océano para formar nubes que luego se precipitan en forma de lluvia. El ciclo continúa.

Teniendo en cuenta que los animales y las plantas se componen principalmente de agua, al observar la Tierra, la mayor parte de su superficie está cubierta de agua. Existe una coherencia en el diseño de la vida y en el proceso que la sustenta, lo que parece indicar una fuente única.

Todo lo que no está conectado a la fuente de vida muere. Necesitamos estar en el ciclo de renovación para mantenernos vivos. Esto es esencial en todas las formas de vida: animales, plantas y nuestro planeta, la Tierra.

Todo esto se relaciona con la vida en el mundo material, pero lo mismo aplica al mundo espiritual. Para alcanzar la vida eterna, debemos estar conectados con Jesús, la fuente de vida eterna.

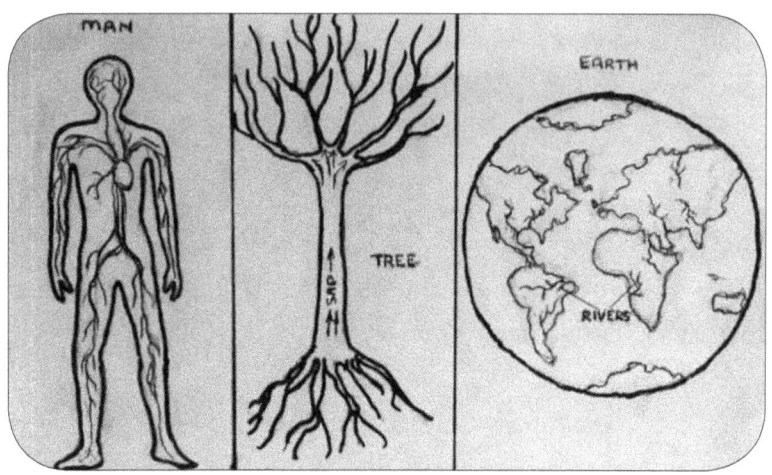

Los diagramas demuestran la similitud entre la fuente que sustenta la vida en las diferentes formas de vida, material y espiritual.

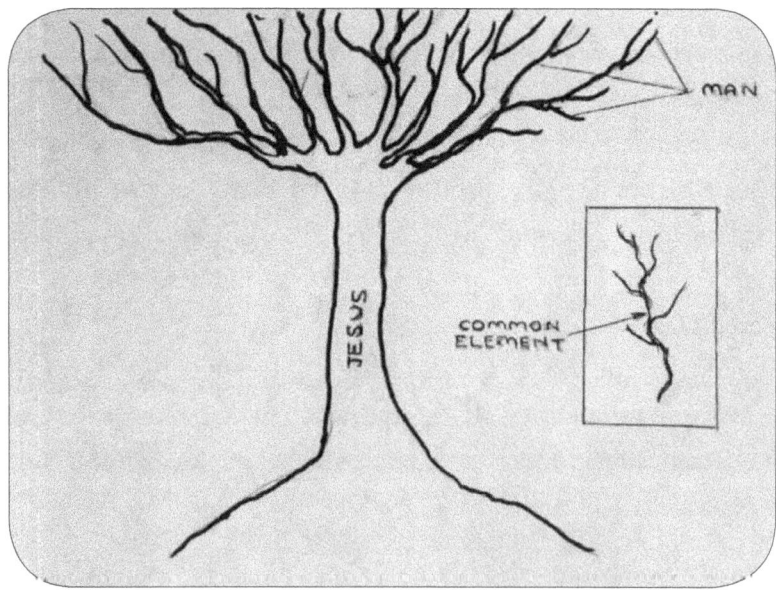

Los ciclos de la naturaleza

El día y la noche, las estaciones y los años son ejemplos de ciclos. Para cada ciclo, debe haber una referencia, y esta no debe cambiar; de lo contrario, el comportamiento será aleatorio y errático.

Usamos el día y la noche, las semanas, los meses y los años como referencias temporales. Solo podemos usarlos porque son constantes y podemos confiar en que no cambiarán. ¿No sería lógico suponer que todos deben tener referencias fijas para permanecer constantes durante millones de años? Mediante la observación, podemos concluir que así es.

Las matemáticas se utilizan para simular fenómenos o eventos naturales. Utilizamos este sistema para desarrollar ecuaciones que simulan fielmente cómo funciona la naturaleza dentro de sus leyes. Las matemáticas utilizan formas de onda para representar ciclos.

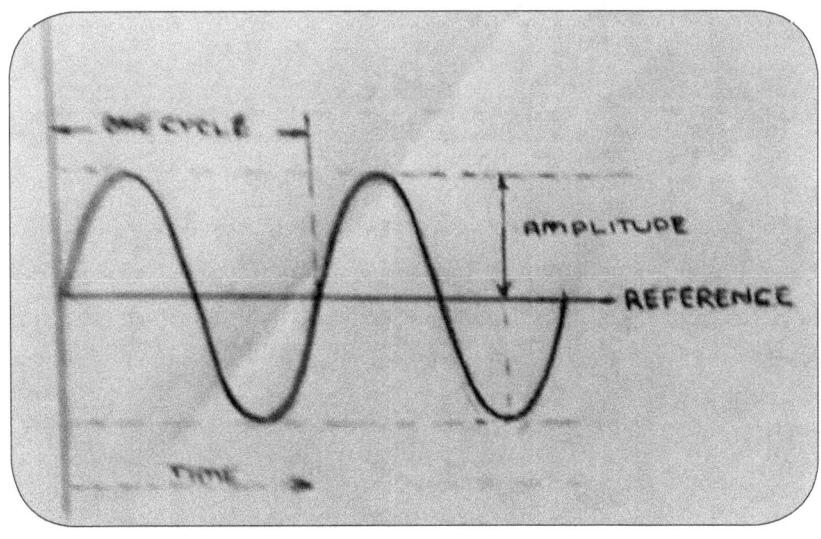

FORMA DE ONDA MATEMÁTICA TÍPICA

Otros ejemplos de ciclos incluyen la vida y la muerte, así como nuestras actividades diarias. Esto incluye incluso la hora de comer. Para que un ciclo continúe sin cambios, debe tener una referencia fija.

En el caso de nuestro sistema solar, el Sol es la referencia. Influye en todos los planetas que orbitan a su alrededor, ya que estos se mantienen en órbitas fijas.

Si observamos el panorama general, vemos que el universo se está expandiendo. Si hay una referencia, podría haber un punto en el que alcance su máxima expansión y luego comience a contraerse sobre sí mismo.

Pero lo hará? Si fue creado por una mente infinitamente inteligente, probablemente habrá una intervención en algún momento. Se nos ha dicho (en la Biblia) que este universo, tal como lo conocemos, no fue diseñado para durar eternamente.

Cita bíblica (El universo será destruido por Dios - Apocalipsis 21:5, 2 Pedro 3:9-13)

A nivel nanométrico, los electrones orbitan alrededor del núcleo en órbitas fijas. Se han encontrado otras partículas en el núcleo con funciones específicas que controlan el funcionamiento del sistema en su conjunto. Sin embargo, los tres componentes más importantes son el protón, la neurona y el electrón. La materia es consistente en su naturaleza, ya que está compuesta principalmente por estas tres partículas. Estas son los componentes básicos de la materia.

Vida y Muerte

La vida se manifiesta en el ciclo de vida y muerte. Primero, la vida da vida a otro sistema vivo, tras lo cual muere. El ciclo continúa con la nueva vida dando vida a otro, mediante la reproducción, y luego, ella misma, muriendo. Algo debe morir para dar vida a otro. Así funciona la naturaleza.

La vida está ordenada. El orden se crea a partir de la aleatoriedad. La aleatoriedad es la materia prima del orden. La muerte crea aleatoriedad. Para recrear o sostener la vida, debe haber muerte. Los alimentos que consumimos demuestran esta VERDAD.

(Probablemente por eso Jesús tuvo que morir por nuestros pecados para darnos vida eterna. Jesús es eterno. Solo un Dios puede dar vida eterna, y por eso un Dios tuvo que morir para darnos vida eterna. Solo un sacrificio así podría satisfacer la justicia de Dios).

Cita bíblica - (1 Pedro 2:24 NVI)

Anatomía y Fisiología

El cuerpo humano es el sistema vivo más complejo conocido. Es un sistema completo con múltiples subsistemas que funcionan como uno solo. Para funcionar como una unidad, cada subsistema está conectado al sistema nervioso central, controlado por el cerebro.

Nuestro cuerpo fue diseñado a la perfección. Si probáramos un cuerpo humano que funcionara según las especificaciones de diseño, con todos los sistemas operando dentro de las tolerancias de diseño, funcionaría perfectamente.

Nuestro cuerpo incorpora sistemas eléctricos, químicos, mecánicos y mentales, todos coordinados desde un único punto: el cerebro. Cada sistema o subsistema es único en el cuerpo de cada individuo y no funciona con normalidad en el de nadie más. Esto se debe a que los sistemas de cada cuerpo humano están diseñados a medida para ese cuerpo en particular. El DNA es el modelo a seguir.

Un bebé que se desarrolla en el útero materno tiene un sistema circulatorio sanguíneo distinto al de la madre. Esto garantiza que ambos sistemas, aunque conectados, funcionen de forma independiente. Una razón es que pueden tener diferentes tipos de sangre y no puede haber contaminación cruzada. De igual manera, los pacientes con trasplante de órgano deben recibir medicamentos antirrechazo para evitar que el cuerpo rechace el órgano extraño.

DNA

Al observar nuestro planeta con atención, descubrimos que el orden se crea a partir de lo que inicialmente parecen elementos distribuidos aleatoriamente. El suelo, que contiene todos los nutrientes necesarios para la vida, es básicamente inerte. Estos elementos se transforman continuamente en orden (vida) y descomposición (entropía). De los elementos de la tierra, el hombre nace, crece y se reproduce.

El DNA es el plano de todos los seres vivos. Contiene toda la información (inteligencia) necesaria para moldear los elementos en un árbol, una flor, un animal, un insecto y un ser humano. Dicha inteligencia no puede provenir del suelo, sino de alguna fuente externa. Esto se debe a que el suelo, por sí mismo, es inerte. El DNA no puede desarrollarse sin una referencia, ya que esta es necesaria para generar orden a partir de la aleatoriedad.

Todo lo que somos y seremos está programado en nuestro DNA. No pudo haber ocurrido por casualidad ni al azar, como sugiere la evolución. La probabilidad de que eso ocurra es cero. Toda la teoría de la evolución implica aleatoriedad o selección aleatoria, lo cual contradice el orden observado en nosotros mismos y en todos los seres vivos que nos rodean.

El DNA está diseñado para conjugarse únicamente con el de su propia especie. Rechaza a todos los demás. Esto es contrario a lo que se esperaría de un comportamiento aleatorio. En otras palabras, el DNA es consistente y altamente selectivo en sus características reproductivas. Dado que el DNA es tan selectivo, no se presta a cambios aleatorios, y mucho menos a un cambio sistémico de un mono a un ser humano, lo que sugeriría cambios positivos acumulativos.

Aunque similares, los diseños de estos dos DNA son singularmente diferentes. Cualquier similitud solo indica un diseñador (creador) común.

Las únicas mutaciones que observamos en el DNA son de naturaleza degenerativa, lo que resulta en un mal funcionamiento, lo que indica un daño a su estructura. Esto puede manifestarse en deformidad física o en un deterioro del sistema inmunitario, ambos de naturaleza negativa. Esto ocurre porque el DNA (o los genes) es defectuoso y no funciona según lo previsto.

Solemos dar por sentado el funcionamiento de nuestro cuerpo sin considerar la precisión de su diseño. El cuerpo humano es un sistema complejo e integrado. Sus órganos funcionan como una unidad, y cada uno realiza su función programada. Necesita que todos los órganos trabajen en armonía, realizando sus funciones específicas, para que el conjunto sea eficiente.

El cuerpo sabe cuándo algo anda mal e inmediatamente intenta corregir el defecto para compensar cualquier efecto adverso. Esto es automático e indica inteligencia.

Si contraemos una infección, el cuerpo envía inmediatamente anticuerpos al lugar para combatirla y, en la mayoría de los casos, tiene éxito. Este es un proceso continuo en nuestro cuerpo del que, la mayoría de las veces, no somos conscientes.

Habría sido milagroso que la vida se hubiera desarrollado a partir de un proceso aleatorio, pero aún más milagroso si algo tan complejo como el cuerpo humano se hubiera construido aleatoriamente o por selección natural. Sin inteligencia, cómo sabría el cuerpo que el diseño de sus órganos era óptimo y que los cambios debían detenerse? Cómo sabía que una lente convexa en nuestros ojos produce una imagen invertida y que, por lo tanto, el cerebro necesitaba invertirla para que la imagen fuera precisa? Cómo habría sabido que el tejido de la lente debía ser transparente e invisible para nosotros? Sabemos que cualquier cosa que no sea transparente son defectos, como las cataratas.

Incluso el proceso de crecimiento es sumamente complejo, ya que todo el cuerpo debe crecer en armonía. ¿Cuántos intentos necesitó antes de reconocer que esta armonía era necesaria y cómo pudo indicar a las reproducciones posteriores que realizaran este cambio?

Cómo desarrolló un cerebro para controlar correctamente todas las funciones corporales sin conocer de antemano el diseño y los procesos corporales? Incluso desarrolló un cráneo para proteger el cerebro, consciente de que era una estructura muy delicada que necesitaba protección. Fue esto también un proceso evolutivo? Por qué no podemos encontrar un esqueleto sin cráneo si el cuerpo con cráneo evolucionó y sobrevivió por selección natural?

Qué fue primero, el huevo o la gallina? Qué es más confuso? Acaso si decimos que la gallina evolucionó del huevo o fue al revés? Si consideramos que fue una inteligencia externa la que lo creó, no habría confusión.

El huevo contiene toda la información necesaria para formar un pollo. Es un sistema ordenado, por lo que no pudo haberse desarrollado aleatoriamente. El huevo entero habría tenido que ser diseñado por completo antes de poder cerrarse en la cáscara, sin necesidad de ningún otro cambio. Habría tenido que saber que la información necesaria para formar un pollo ya estaba ahí. Debió haber existido una referencia e inteligencia externa. Esto no pudo haber sido aleatorio.

Todas estas preguntas apuntan a una fuente inteligente externa que diseñó y creó los seres vivos. No pudieron diseñarse ni construirse a sí mismos porque nunca hay suficiente información ni conocimiento en ninguna etapa del desarrollo para realizar estos cambios positivos y fijarlos en futuras reproducciones. El proceso de evolución habría necesitado conocer el panorama general, qué estaba bien y qué estaba mal, y tener la capacidad de seleccionar la secuencia de cambios positivos. ESTO REQUIERE INTELIGENCIA! ¡INTELIGENCIA INDEPENDIENTE!

El DNA no solo diseña el cuerpo, sino que le instruye a lo largo de su vida sobre cómo crecer y reproducirse. Qué grado de inteligencia requiere esto? Ciertamente no se trata de un proceso aleatorio. Esto requiere un conocimiento y comprensión completos de las materias primas y cómo utilizarlas. Estas materias primas son el polvo o los elementos de la tierra: los alimentos que comemos. Parece evidente que todo esto fue diseñado y creado por una inteligencia externa. Esta fuente no solo lo creó todo, sino que fue planificado hasta el último detalle.

La vida es un proceso continuo. No hay tiempo para detenerse y cambiar el diseño. Todos los cambios deben realizarse mientras el proceso está en curso. Es mucho más difícil intentar realizar cambios en condiciones dinámicas. Es mucho más fácil detenerse, realizar el cambio y luego reiniciar. La vida no tiene este lujo, por lo que parecería más racional o lógico que el diseño básico estuviera completo antes de iniciarse. Cualquier cambio resultante de la interacción con el entorno también se incorporó al diseño original (adaptación).

El Ojo

Cuando observas una característica del cuerpo humano, el ojo, reconoces el grado de inteligencia que se requiere para crear tal órgano?

Vivimos en un mundo tridimensional en lo que a materia se refiere. (El tiempo sería la cuarta dimensión, pero, para lo que estamos considerando, las tres primeras son adecuadas). Tenemos dos ojos, ideales para la visión tridimensional. Si el número de ojos que tenemos se seleccionara al azar, podríamos haber tenido uno, tres o más. Sería viable que tuviéramos cualquier número de ojos. Recordemos que no hay una referencia fija, por lo que podría haber cualquier número de ojos. Pero los humanos solo tienen dos ojos y siempre los han tenido. Si no fuera así, habríamos encontrado cráneos humanos con una o varias cuencas oculares, no solo dos. Esto indica que la creación de los ojos fue intencionada. Esta es la única conclusión lógica.

Darwin desarrolló la teoría de la evolución tras observar diferencias o mutaciones en las especies, lo que resultó en su supervivencia selectiva en un entorno cambiante. Esto se conoce como adaptación, la cual está integrada en el DNA y los genes, porque el diseñador era consciente de estos posibles desafíos ambientales, lo que otorga a los genes la capacidad de realizar estos ajustes.

Cómo se puede explicar la vida, y mucho menos su respuesta a la luz, para formar un ojo? Luego nos dimos cuenta de que necesitamos dos para poder calcular la distancia o aumentar el ángulo de visión. No hubo ensayo y error, ya que no hay evidencia de que así fuera. Todos los cráneos humanos muestran que siempre hemos tenido dos ojos y dos orejas, ubicados en los lugares más ideales de nuestro cuerpo. Esto también aplica a otros mamíferos, aves y peces.

La evolución, según su definición actual, es un proceso aleatorio. Solo el resultado final es selectivo. De un proceso aleatorio no se puede esperar desarrollar un sistema ordenado. Incluso si no es aleatorio, esto no se traduce en un sistema ordenado, ya que, en este caso, la no aleatoriedad define el resultado final y no el proceso en sí. Solo la eliminación o supervivencia resultante de una especie es no aleatoria (esto se explica con más detalle en la sección relativa a la 'EVOLUCIÓN').

La Sangre

Además del cerebro, que es el centro de control del cuerpo, el órgano más importante es el corazón. El corazón es responsable de bombear sangre a todo el cuerpo, lo cual sustenta la vida. La sangre transporta oxígeno y nutrientes a todas las células del cuerpo. Esto es esencial para la vida. También transporta los anticuerpos que combaten las sustancias extrañas que atacan el cuerpo. Mantiene todas las partes del cuerpo vivas y sanas, incluido el cerebro.

El hombre siempre ha conocido la importancia de la sangre para el cuerpo. Esto ha dado lugar a creencias supersticiosas que la consideran poseedora de algún poder espiritual o sobrenatural innato. Algunas tribus bebían sangre y sacrificaban a su pueblo para apaciguar a los dioses y así obtener su favor. Comprendían que la sangre es preciosa y esencial para la vida.

Como se indicó anteriormente, la sangre fluye continuamente por el cuerpo, transportando valiosos nutrientes y oxígeno a cada célula. La savia de las plantas cumple la misma función que la sangre de los animales.

La función de la sangre y la savia demuestra que el proceso vital necesita una renovación continua para crecer y mantenerse. Lucha constantemente contra la entropía y no puede permitirse bajar la guardia.

El corazón bombea sangre, pero este la necesita para sobrevivir. El cerebro también la necesita. Los órganos más importantes y todos los demás necesitan sangre para sobrevivir. Esto significa que la sangre es la fuente de la vida. Necesita circular continuamente para sustentarla. En una planta, la savia necesita circular continuamente para sustentarla. La Tierra necesita que el agua circule continuamente para sustentar la vida. Ves un tema que se desarrolla aquí? La vida necesita sustento continuo; de lo contrario, muere. Esta es la vida tal como la conocemos en la Tierra. Es un proceso ordenado y mantenido continuamente. Existe una interdependencia fundamental entre todos los elementos vivos en el ciclo.

La muerte es parte integral del proceso vital. En cierto punto, nuestro sistema de defensas comienza a fallar. Esto es consecuencia de la edad. La muerte por causas naturales ocurrirá en algún momento de nuestras vidas. La edad promedio se sitúa entre los 70 y los 80 años. Sin embargo, existen enfermedades que pueden causar daños fatales al cuerpo humano, resultando en una muerte prematura.

(Jesús murió en la cruz dando su preciosa sangre para que vivamos.) Cita bíblica: (Marcos 15:25)

Diseño del Cuerpo Humano

Al observar el cuerpo humano, crees que se podría mejorar su diseño? Me imagino que mucha gente diría que sí. Veamos ejemplos de posibles mejoras.

Las Manos

La mayor parte de lo que hacemos con nuestras manos requiere solo una. Dos manos son el número óptimo para levantar objetos pesados y mantener el equilibrio. Pero entonces, si hubiera tres manos, dónde colocarías la tercera? Si se colocara junto a una mano existente, sería redundante. Si se colocara en el centro del pecho, estorbaría.

Cuando observamos el diseño del cuerpo en su conjunto, vemos que es la combinación y ubicación óptimas de todas sus partes. Ahora bien, deberíamos creer que el diseño surgió por evolución sin que el diseñador conociera ni comprendiera la función final prevista?

El Corazon

También podríamos decir que deberíamos tener dos corazones, ya que el corazón es tan importante. Pero uno es suficiente si consideramos que está protegido por la caja torácica y está diseñado para durar toda la vida del cuerpo humano. Si hubiera dos corazones, el diseñador habría tenido que considerar los problemas de flujo sanguíneo, lo cual se complica con dos corazones. Lo cierto es que el diseño del cuerpo es adecuado, eficiente y óptimo para su propósito.

Medicamento

En medicina, la referencia es el ser humano sano. Una de las primeras cosas que hace un médico con sus pacientes es tomarles la temperatura. En una persona sana, la temperatura debe ser de aproximadamente 37 °C (98.6 °F). Si es demasiado alta, la persona tiene fiebre. Eso significa que algo anda mal. Si es demasiado baja, también es un problema y debe corregirse. Debemos tener en cuenta que 37 °C (98.6 °F) es la temperatura normal promedio aceptable, pero pequeñas variaciones por encima o por debajo de esta temperatura se consideran dentro de la tolerancia.

Lo que hemos aprendido es que el cuerpo humano funciona dentro de ciertos parámetros. Si se sale de estos parámetros, sabemos que algo anda mal: estamos enfermos.

Otros parámetros incluyen la presión arterial, la composición de la sangre, la composición de la orina, el color y la textura de la piel, el peso corporal, etc. A medida que adquirimos más conocimiento sobre el cuerpo humano, desarrollamos una lista más completa de parámetros que son normales. Cualquier variación anormal debe abordarse.

Dado que el cuerpo humano es un sistema ordenado, existen ciertas normas que buscamos en un cuerpo sano. Estas permanecen fijas, al igual que las referencias fijas.

Tras revisar el orden que observamos en la naturaleza y el universo, ahora analizaremos la evolución para ver si sus teorías son compatibles con los principios del orden.

Evolución

Definiré la evolución del hombre utilizando las dos interpretaciones o teorías con las que la mayoría estamos familiarizados. La evolución, en general, también sigue los mismos principios.

1. Darwin: Los cambios en las especies, a lo largo del tiempo, como resultado de diferencias genéticas que les otorgan una ventaja sobre otras en un entorno cambiante, con la eventual desaparición de las especies más débiles o desfavorecidas. Este cambio puede ser aleatorio o no aleatorio.

2. Primordial: El desarrollo aleatorio del proceso vital, desde lo que llamamos 'materia primordial' hasta la vida tal como la conocemos en su manifestación actual.

Nota: Ninguna de las teorías anteriores sugiere cómo surgió la vida. La vida solo puede desarrollarse a partir de algo ya vivo.

Interpretación 1.- La teoría de la evolución de Darwin.

Darwin parece sugerir que el DNA se vuelve más complejo con el tiempo, sin ninguna explicación sobre el mecanismo de este cambio. En el proceso de selección natural, como postula Darwin, las especies inferiores o desfavorecidas finalmente se extinguen como resultado de condiciones ambientales adversas que no pueden superar, mientras que las especies más resilientes logran sobrevivir y multiplicarse. Esto también implicaría que el cambio es acumulativamente positivo si observamos los fósiles de formas de vida que conectan a nuestra especie humana con su forma actual. Las especies se definen por el DNA y, por lo tanto, cuando se extinguen, se extinguen.

Interpretación 2.-La teoría primordial.

La teoría primordial es aún menos plausible, ya que no solo no explica el mecanismo del cambio, sino que también sugiere que hubo miles de millones de cambios positivos acumulativos que parecen ocurrir aleatoriamente.

Veamos primero el proceso no aleatorio de la evolución.

Evolución no Aleatoria

Sabemos, por observación, que la vida no es un proceso aleatorio. Es el resultado de un proceso ordenado controlado por el DNA de cada sistema vivo. También sabemos que el DNA sano resiste el cambio.

Se puede decir que la evolución no aleatoria se debe a condiciones ambientales cambiantes que resultan en la eliminación de algunas especies y la supervivencia de otras, basándose en diferencias genéticas o de DNA, lo que otorga a unas una ventaja sobre las otras. Esto se consideraría un cambio lateral, ya que solo se trata de supervivencia y no necesariamente de una mejora. Sin embargo, es selectivo y, por lo tanto, no aleatorio. Esta es la única evidencia de cambio no aleatorio, ya que el mecanismo del cambio interno se consideraría aleatorio, según la teoría darwiniana o primordial, ya que el mecanismo básico del cambio no está definido y no hay explicación de cómo o por qué ocurrió.

La diversidad que observamos entre las especies indica cambios basados en diferencias genéticas. Si los cambios genéticos ocurren primero y luego los ambientales, esto puede resultar en mutación o eliminación de las especies más débiles.

Pero qué iniciaría un solo cambio en el DNA o los genes de un organismo vivo, y mucho menos varios cambios positivos, para desarrollar una especie significativamente superior?

Para que esto ocurra, tendría que haber una fuente inteligente que estableciera o reconociera la referencia fija (DNA) e influyera en estos cambios de forma secuencial, en armonía con dicha referencia. Esto no puede ser un mecanismo de cambio aleatorio, ya que produce cambios positivos acumulativos. El tiempo tampoco explica este cambio, ya que cuanto más largo sea el período durante el cual se produzca, mayor será la probabilidad de un resultado verdaderamente aleatorio. Con el tiempo, un proceso aleatorio no se mejora a sí mismo y, cuanto más tiempo transcurra, más tenderá a ser verdaderamente aleatorio.

El supuesto cambio evolutivo de un gorila a un ser humano no podría haber ocurrido sin una fuente inteligente que influyera en el cambio, utilizando la referencia fija (DNA) de esa especie como guía para asegurar un resultado positivo acumulativo. La única conexión entre el gorila y el ser humano es que ambos tienen el mismo diseñador. En realidad, son dos diseños separados del mismo creador.

A lo largo de todo este proceso, debe haber estado involucrada la inteligencia, ya sea incorporada o con intervención directa de una fuente inteligente externa.

Si la referencia inicial no se incluye activamente, no hay garantía de que los cambios sean compatibles con el sistema ni de que vayan en una dirección positiva. La inteligencia está incorporada en el DNA, pero cómo llegó allí?

Cómo habría sabido el proceso que se había alcanzado el objetivo y que no eran necesarios otros cambios sistémicos? El DNA humano parece haber sabido que lo que construyó era bueno y que no eran necesarios más cambios en la estructura. El DNA sano solo permite cambios compatibles con su diseño y se resiste a otros cambios. Esto demuestra cierta inteligencia.

Si esta inteligencia no se originó en la estructura, debe haber provenido de una fuente externa. Hasta donde sabemos, la materia no puede desarrollar inteligencia por sí misma, por lo que podemos concluir que esta inteligencia proviene de alguna fuente externa.

El proceso vital original no pudo haber sido aleatorio, ya que desarrolló un sistema ordenado. El azar solo puede desarrollar orden si así lo ordena una fuente inteligente. La evolución tendría que ser un proceso ordenado para desarrollar o complementar un sistema ordenado.

Ahora bien, un proceso ordenado debe tener una fuente inteligente. La inteligencia define el orden. La evolución, tal como se manifiesta, debe, por lo tanto, tener una fuente inteligente. No puede definirse de otra manera, ya que mejora un sistema ya ordenado.

Sin embargo, ninguna de las teorías anteriores incluye la inteligencia como guía para el desarrollo del proceso evolutivo. La evolución no aleatoria, tal como se define actualmente, carece de inteligencia; se produce por «selección natural» de las especies con ventaja en un entorno determinado. No puede razonar. Por lo tanto, no es factible que dicho proceso inicie o continúe mejorando con éxito un sistema ya ordenado.

La evolución, tal como se define actualmente, no puede explicar cómo se originó la vida. Tampoco puede explicar los cambios positivos acumulados en el DNA del gorila para convertirse en humano, a menos que estuviera guiada por la inteligencia.

Tras un análisis más detallado, concluiríamos que la cantidad de error asociado con el diseño y la creación del cuerpo humano es infinitesimal o inexistente. Existen controles y contrapesos inherentes a su diseño para garantizar un error mínimo. Cuando se detecta un error, es resultado de una interacción adversa con el entorno externo y posiblemente del propio sistema, como resultado de la 'MALDICIÓN DE DIOS' que ha afectado a la materia ordenada de diversas maneras (véase la cita bíblica a continuación). También debemos tener en cuenta que hay una referencia en la Biblia donde Jesús dijo que un hombre nació ciego, no por el PECADO (ni por la MALDICIÓN), sino porque Dios quiso demostrar su poder sobre la enfermedad mediante un milagro que Jesús realizó para que el hombre recuperara la vista (véase la cita bíblica a continuación). Originalmente, fuimos perfectamente diseñados, pero ahora vivimos en un mundo imperfecto. Nuestro diseño refleja un creador inteligente.

Si observamos defectos genéticos como el síndrome de Down, este ocurre cuando una división celular anormal provoca la formación de material genético adicional del cromosoma 21. No fue así como se diseñó originalmente, pero ha habido algún tipo de disfunción que resulta en la generación de material genético adicional.

Con base en el razonamiento anterior, los defectos pueden deberse a una interacción adversa con el entorno o a un defecto del sistema como resultado del efecto general del PECADO sobre la materia en un sistema ordenado. La materia aún se ajusta a las leyes de la naturaleza, pero el PECADO no solo ha afectado nuestra mente, sino también la materia, debido a su efecto sobre un sistema ordenado.

Cita bíblica (Génesis 3 - Dios maldice la creación)
Cita bíblica (Juan 9:5- Jesús sana al ciego)

Evolución Aleatoria

Aquí también se implica que las condiciones ambientales cambiantes resultan en la eliminación de ciertas especies debido a diferencias genéticas o de DNA, lo que las hace más vulnerables que las demás. Si consideramos esto, también es selectivo, ya que se elimina la especie más débil o desfavorecida. Solo el proceso de cambio interno podría considerarse aleatorio, por lo que se aplica el mismo argumento que se discutió en la evolución no aleatoria.

Pero, de nuevo, ¿qué iniciaría estos cambios internos? Si estos cambios se inician aleatoriamente, existe la misma probabilidad de que cada uno resulte en un resultado positivo o negativo. A largo plazo, las cosas no mejorarían ni resultarían en un resultado positivo acumulativo. Por lo tanto, las especies no mejorarían desde su forma inicial. Además, a medida que el sistema se vuelve más complejo, la probabilidad de obtener un resultado positivo se reduce continuamente, ya que ahora hay una probabilidad decreciente de obtener un resultado positivo. La razón es que el proceso se volvería ahora más selectivo.

La única manera de garantizar resultados positivos acumulativos es si existe una fuente inteligente, coordinada con la referencia fija (DNA) de esa especie, que influya en los cambios. De lo contrario, los cambios podrían ser independientes y no compatibles con el resto del sistema. Los cambios deben ser supervisados por una fuente inteligente para garantizar su complementariedad. Este no podría ser un proceso aleatorio.

La entropía actúa en contra de la vida. Sin embargo, la vida está diseñada para combatir la mayoría de los desafíos cotidianos que la amenazan. Estas defensas están integradas en el sistema. Esto no podría ser un proceso aleatorio, ya que la vida tiene una forma sistemática de lidiar con los ataques ambientales o internos. Parece desarrollar una línea de defensa lógica y racional, no aleatoria.

Basándonos en lo que vemos en el diseño del cuerpo humano, el diseñador tendría que haber tenido un plan. Solo una fuente con inteligencia puede crear un plan. Tras desarrollar el plan, este tuvo que haber sido ejecutado paso a paso hasta su finalización. Cada paso tuvo que haber sido seguido con precisión.

Cuando nosotros, como humanos, diseñamos y fabricamos cosas, desarrollamos un plan y debemos usar algún tipo de referencia para saber por dónde empezar y en qué dirección debemos ir. Hemos aprendido, por experiencia, que esta es la única manera de lograrlo con éxito.

En lo que diseñamos y fabricamos, utilizamos los mismos componentes básicos que los que utiliza la naturaleza, ya que son los únicos que tenemos a nuestra disposición. Por lo tanto, debemos obedecer las mismas leyes que rigen la materia. La naturaleza y el hombre deben seguir las mismas pautas fijas para lograr los mismos resultados (un sistema ordenado).

Para empezar, debe haber una referencia fija, y todas las demás referencias están definidas por la referencia inicial. Esta es la única manera de coordinar los puntos o componentes de un sistema ordenado con múltiples subsistemas. Se requiere conocimiento del sistema completo, así como la ejecución secuencial del plan, para lograr esta tarea. Esto solo podría lograrlo un diseñador inteligente.

Un proceso aleatorio es lo opuesto a un proceso ordenado, con una probabilidad decreciente de un resultado continuamente positivo. Un proceso puramente aleatorio no puede mejorarse a sí mismo. Si está sesgado hacia lo positivo, no puede definirse como aleatorio.

Todo sistema ordenado tiene una referencia fija y sigue una secuencia específica de desarrollo. Además de la secuencia, el diseñador debe tener algún concepto del producto final. De lo contrario, ¿cómo podría saber cuándo el sistema está completo y funcionando según lo diseñado? En otras palabras, debe tener inteligencia. Este principio es universal en su aplicación. Esto es evidente en la creación y en nuestra forma de funcionar, al estar hechos a imagen de Dios.

Cita bíblica: El hombre fue creado a imagen de Dios (Génesis 1:26-28, Salomón 2:23)

En todo sistema material ordenado, existe un grado de tolerancia, con extremos a ambos lados de la distribución normal (curva de campana: la tolerancia es el margen de error permitido). Establecimos este estándar de medición al descubrir que muchos fenómenos naturales siguen este patrón. Los extremos de la distribución, aunque no son normales, se consideran naturales. Un ejemplo de esto es el autismo, donde, aunque la función cerebral no es normal en una persona con autismo, con el tratamiento adecuado, el cerebro puede funcionar dentro de parámetros normales. Esto indica que estamos diseñados para funcionar dentro de ciertos parámetros (ordenados) y fuera de ellos no funcionamos en armonía.

No hay evidencia de que el proceso de evolución, tal como lo entendemos, reconozca, y mucho menos utilice, una referencia fija y, por lo tanto, sería incapaz de crear un sistema ordenado.

La evolución puede verse influenciada por cambios ambientales (externos) o internos. Sin una referencia fija, la evolución está 'perdida'. Parece tener referencias aleatorias o ninguna. Sin una referencia fija, cómo puede saber qué dirección tomar? Cómo puede, por lo tanto, diseñar una estructura compleja como el cuerpo humano? Un sistema así requiere una secuencia coordinada de cambios complejos y positivos que solo puede lograr una fuente inteligente externa que utilice una referencia fija.

En el caso del cuerpo humano, se necesitaría una inteligencia infinita para diseñar, crear e incorporar el automantenimiento, así como la capacidad de reproducirse.

Si observamos nuestra vida diaria, nuestro objetivo final es crear orden. El desorden y la aleatoriedad son improductivos. Para lograr una meta, primero necesitamos tener un plan sobre lo que queremos lograr. El siguiente paso es determinar el punto de partida y luego dar pasos positivos secuenciales hasta completarlo. Este no es un proceso aleatorio y solo puede lograrse con una mente inteligente.

Cómo puede alguien examinar el cuerpo humano y concluir que fue creado mediante un proceso que desconocía el producto final, pero que dio como resultado algo que, incluso con nuestra inteligencia, supera con creces todo lo que podríamos haber concebido, y mucho menos creado? Además, está el hecho de que puede reproducirse a sí mismo.

Cualquier sistema ordenado que encontramos o creamos es planificado y luego ejecutado. Esto no se ajusta a los principios de la evolución tal como los conocemos. De hecho, la evolución es el único proceso que conocemos que se dice que ha desarrollado un sistema complejo y ordenado sin plan ni concepto de su propósito.

Cómo podríamos esperar que la evolución partiera de un organismo vivo primitivo (primordial) y finalmente se transformara en un ser humano, mediante un proceso aleatorio o no aleatorio sin inteligencia? Todo apunta a que este tipo de cambio no ocurriría, ya que la entropía es uno de los principales procesos que lo impediría.

Esto significaría comprender las leyes de la naturaleza que rigen la materia. La evolución no es racional ni lógica. Alguna fuente inteligente externa debe haber intervenido.

Para crear un cuerpo humano, se necesitarían miles de millones de desarrollos secuenciales, acumulativos y positivos, que no podrían resultar de un proceso aleatorio. Se necesitaría un proceso con sesgo positivo e inteligencia para lograr tal hazaña. La evolución, tal como se define actualmente, no presenta ninguna de estas características.

Creer que la vida evolucionó mediante selección natural no explica lo que vemos en la naturaleza hoy. Lo que vemos son los productos completos de un proceso de desarrollo ordenado (sistemas ordenados). La selección natural es solo el proceso de eliminación. Lo que vemos son sistemas ordenados tanto en la vida como en la manifestación del universo. Ningún proceso de selección, aleatorio o no aleatorio, podría haber desarrollado ninguno de estos sistemas. Se requirió una imaginación infinita con un plan detallado, ejecutado en una secuencia impecable, monitoreado en cada fase, y aún lo es, en su grado más íntimo.

Esto requiere una inteligencia infinita y un conocimiento infinito que sólo un DIOS podría lograr.

La creación fue planeada para el hombre.

Cita bíblica -(Jeremías 29:11, Efesios 2:10, Filipenses 1:6)

Un Vuelo de Pájaro

La evolución implica que las aves desarrollaron alas que les dieron la capacidad de volar. Esta conclusión no tiene sentido, ya que, para que esto sucediera, tuvo que haber habido un esfuerzo intencional con resultados positivos para desarrollar un diseño aerodinámico viable.

En primer lugar, por qué era necesario que cualquier ser vivo volara? No hay evidencia de que esto fuera necesario, por lo que debió desarrollarse aleatoriamente, como probablemente sugeriría el proceso evolutivo.

Ahora bien, si este fuera un proceso aleatorio, a lo largo del tiempo, por cada desarrollo positivo habría uno negativo, y cuanto más largo fuera el período, más se aproximaría el proceso a un verdadero azar: digamos millones de años. En cualquier momento de su desarrollo, solo habría unos pocos eventos positivos factibles y miles de millones de eventos negativos que podrían detener el proceso. El proceso tendría que haber estado guiado por un plan que determinara la dirección a seguir y los pasos secuenciales a seguir para lograr el vuelo.

Algunas de las cosas que se tendrían que haber resuelto con éxito habrían sido las siguientes:

La necesidad de alas

El diseño del ala

Ubicación de las alas

Equilibrio de las dos alas opuestas

El diseño de los huesos en las alas.

Dónde debían estar las juntas

Qué movimiento sería necesario para el vuelo?

La ubicación y la fuerza de los músculos.

La necesidad de plumas

El diseño de las plumas

El material necesario para las plumas.

El tamaño y la forma del cuerpo en relación con las alas.

(Las alas son tan únicas que copiamos las características aerodinámicas del diseño para nuestros propios aviones). No pudimos mejorarlas.

Estos son solo algunos de los aspectos obvios que habría que considerar para un vuelo exitoso. Si alguno de estos fuera incorrecto o estuviera en la secuencia incorrecta, el vuelo no sería posible. Incluso después de que la evolución lo hiciera todo bien, el ave tendría que aprender a volar y comunicar esta información a sus crías.

Si observamos a las aves que vuelan miles de kilómetros y encuentran el mismo destino año tras año, ¿cómo logran esa navegación? Aunque no sepamos exactamente cómo lo hacen, sabemos que deben tener algún tipo de referencia fija. Debe haber algo constante que puedan usar como guía fiable.

Lo que digo sobre la evolución es que logró todo esto mediante ensayo y error. Esto no es posible a menos que se conozca el resultado final y exista una mente inteligente que guíe el proceso. La evolución es ciega sin una referencia. No podría haber logrado tal hazaña.

A continuación, he analizado una posible explicación de los cambios que observamos en los fósiles de huesos similares a los humanos y en los de otras especies, a medida que las especies evolucionaron.

Explicación alternativa de la evolución de fósiles similares a los humanos y otros. Dios pudo haber puesto en marcha la creación para que todos los cambios evolutivos ocurrieran secuencialmente, a lo largo del tiempo. Como el desarrollo de la infancia a la edad adulta y luego a la vejez. Repentinos y dramáticos, como los cambios en la pubertad y la transformación de una crisálida en mariposa.

Desde el «homo erectus» hasta el «homo sapiens», así como todos los cambios evolutivos previos asociados con los seres humanos, todos ellos podrían haber sido programados. Una certeza es que estos cambios debieron haber sido guiados por un diseñador inteligente.

Inicialmente, todo lo que necesitaba hacer era crear las estructuras básicas del DNA para cada ser vivo y programar cambios que ocurrieran después de períodos predeterminados para adaptarse a los cambios del entorno. Las estructuras básicas incluirían al hombre, los animales, los peces, las aves, los reptiles, las plantas y los microorganismos. Los cambios programados crearían nuevas especies, algunas extinguiéndose con el tiempo y otras multiplicándose y sobreviviendo hasta llegar a lo que vemos hoy.

Hubo una sola creación, pero probablemente sea mucho más compleja de lo que parece inicialmente. Dios pudo haber programado el DNA del hombre para cambiar en momentos específicos, para aumentar su capacidad de aceptar un procesamiento de conocimiento más sofisticado y para cambiar su apariencia a la que vemos hoy.

Esto significaría que la creación es mucho más compleja y dinámica de lo que a simple vista se percibe. Presentaría una imagen mucho más compleja de DIOS y su poder para crear y mantener un universo ordenado, pero todo dentro de sus posibilidades. Él es omnipotente y omnisciente.

Pero esto debería ser evidente al examinar la creación. Los cambios en el cuerpo humano desde el nacimiento hasta la madurez y luego la vejez. Todos estos cambios están programados para ocurrir en momentos determinados. Finalmente, la vida termina con la muerte.

Dios podría haber planeado que, en ciertos umbrales, se produjeran cambios sistémicos en la estructura del DNA, de modo que se estableciera una nueva y mejorada forma de vida. Esto continuaría durante una temporada específica, tras la cual se produciría otro cambio para mejorar aún más esa forma de vida. Aun así, puede haber algunos que no estén programados para cambios significativos, como la cucaracha.

La vida humana promedio es de unos 70 años. Pero, si observamos la creación del universo, su duración podría haber sido programada para miles de millones o billones de años. Lo que vemos podría ser el desarrollo tal como Dios lo planeó. Todos estos cambios aparentemente evolutivos podrían ser cambios programados, como la crisálida en mariposa, el huevo en gallina y la transformación del cuerpo humano en la pubertad. Sin embargo, el ciclo es mucho más largo.

Dios es capaz de todo esto y mucho más. Ni siquiera podemos imaginar su poder y majestad. Nada que puedas imaginar puede siquiera describir a nuestro Dios. Nuestra imaginación no tiene el alcance suficiente para comprender el poder y la inteligencia de Dios.

Vemos estos patrones a diario en nuestras vidas y en todo lo que nos rodea. Todo esto está en consonancia con el poder y las capacidades de Dios.

Adaptación

La adaptación está integrada en un sistema ya ordenado para ajustarse a los cambios ambientales que amenazan a la especie. Fue diseñada por una fuente inteligente que anticipó estos cambios porque podía ver el panorama general. Esta es otra manifestación de la planificación.

La adaptación se corresponde más con los pequeños cambios que observamos en los organismos vivos para compensar los cambios ambientales que, de otro modo, amenazarían su existencia. Esto se ha extrapolado erróneamente para representar los cambios sistémicos necesarios para desarrollar un sistema vivo y ordenado.

La adaptación puede ser factible para pequeños cambios, pero no para cambios sistémicos y positivos, manteniendo al mismo tiempo un sistema ordenado. Aun así, es una creación de un diseñador inteligente externo y está integrada en el diseño del sistema.

La adaptación no creó orden. La evolución no creó orden. La inteligencia define y, por lo tanto, debió crear orden.

Actividades Humanas Diarias

Si observamos nuestra vida diaria, nuestro objetivo final siempre es crear orden. Para lograr una meta, primero necesitamos tener un plan de lo que queremos lograr. El primer paso es determinar el punto de partida y luego dar pasos positivos secuenciales hasta completarlo.

Tus actividades diarias comienzan al levantarte de la cama. Primero, debemos reconocer nuestra posición: estamos en la cama, en posición horizontal. Debemos ser conscientes de la ubicación de nuestros pies y dónde están posicionados. Esto parece muy básico, pero lo que hacemos es usar referencias, siendo siempre conscientes de nuestra posición actual y de lo que debemos hacer a continuación. Todo esto es automático. Sabemos qué músculos mover y en qué secuencia para alcanzar la posición erguida y luego la de pie. Lo que hagamos a continuación dependerá de nuestro plan o intención.

Estamos continuamente conscientes de dónde estábamos, dónde estamos y dónde queremos estar. Solo una mente inteligente con memoria puede reconocer, comprender o interpretar esta secuencia. Si no somos capaces de hacerlo, estamos perdidos.

Si observamos un objeto, solo podemos reconocerlo porque tenemos una referencia pregrabada. Nuestro cerebro funciona de forma ordenada con una serie de referencias a las que tiene acceso múltiple, o lo que algunos llamarían acceso aleatorio. Cuando tenemos un pensamiento, puede haber sido iniciado por algo que vimos, oímos, sentimos, saboreamos u olimos. También puede haber sido un pensamiento con un origen que no podemos especificar. En cualquier caso, el pensamiento debe tener una referencia. Una vez reconocida esa referencia, el cerebro realiza la asociación con la información de conexión ya registrada. De lo contrario, no podemos interpretar el pensamiento ni actuar en consecuencia.

Reproducción

El cuerpo humano solo puede reproducirse a sí mismo. Fue diseñado utilizando el DNA, específicamente diseñado para los humanos. De igual manera, el DNA de otros seres vivos solo puede reproducirse a sí mismo. Esto aplica a todas las especies.

De la misma manera, cuando el arquitecto diseña un edificio y dibuja los planos, lo hace solo para ese o para edificios del mismo diseño. Para un edificio con un diseño diferente, se debe dibujar otro plano. Si posteriormente se modifica, esta modificación debe ser realizada por una mente inteligente, utilizando el plano inicial (de referencia) como guía.

Una analogía sería las mejoras anuales en el diseño de un automóvil. Cada año, el modelo cambia y se realizan mejoras. Las mejoras no ocurren por sí solas. Las mejoras de diseño las realiza el ingeniero de diseño, el diseñador inteligente. Los automóviles evolucionan, pero solo bajo la dirección del diseñador inteligente.

El proceso reproductivo sigue las instrucciones del DNA de la especie. No cambia aleatoriamente.

Padre e Hijo

Existen similitudes únicas entre padre e hijo. Estas similitudes incluyen rasgos físicos y mentales. En algunos casos, el parecido visible es tan sorprendente que casi garantiza un parentesco estrecho entre ambos. Esta similitud también es a veces evidente en la familia extensa.

Este es un ejemplo de cómo funciona la naturaleza. Es cómo las cosas se manifiestan, indicando relaciones y conexiones estrechas, basadas en estas similitudes.

La única evidencia con la que contamos es la naturaleza, el universo y cierta comprensión de cómo funciona todo. Ahora bien, no sería racional concluir que lo que observamos en la naturaleza muestra evidencia de su origen? Esto significa que existen rasgos en la naturaleza y el universo que manifiestan su origen. Creo que el más fundamental de ellos es el 'ORDEN'. Antes de que estos rasgos puedan reproducirse, debe haber una transferencia ordenada de información.

En la amplificación de formas de onda eléctricas (un amplificador de audio), el objetivo es amplificar la señal sin introducir distorsión. El circuito amplificador está cuidadosamente diseñado para lograr este objetivo. Sin embargo, aunque este sea el objetivo, siempre hay alguna evidencia, en la salida amplificada, de las características del circuito amplificador. En este caso, se manifiesta como distorsión o como características únicas del circuito original que se evidencian en la salida, incluso en una medida muy pequeña.

Las leyes de la naturaleza también están diseñadas para reproducir y mantener uno o más temas específicos, pero dejando alguna indicación o evidencia de su origen. El producto está diseñado intencionalmente para un propósito específico, pero contiene evidencia de su origen.

Un ejemplo de esto es un producto fabricado en un torno. Si observamos la macroestructura de la superficie, vemos las ranuras creadas por la herramienta de corte en forma de espiral cerrada en la pieza terminada. Esto indica que el proceso utilizado para fabricar el producto fue el torneado.

SISTEMAS ORDENADOS
ENCONTRADOS EN LA TIERRA

EXAMINAREMOS AHORA VARIOS sistemas ordenados que el hombre ha desarrollado, así como sistemas ordenados de otras fuentes inteligentes. Para reforzar esta teoría, cada uno de estos sistemas debe tener una referencia fija.

A continuación se presentan algunos ejemplos de sistemas ordenados de fuentes inteligentes distintas a las humanas:

Pájaros volando en formación

Un banco de peces nadando al unisono

Hormigas en una mission

Un enjambre de abejas en busca de un nuevo sitio para construir una nueva colmena.

Abejas en el proceso de construcción de una colmena (panal)

Pactos animales viviendo y cazando juntos

Todos trabajan juntos como un equipo, como uno solo. Esto es orden. Demuestra inteligencia. Al observar nuestro mundo, veremos cómo las referencias se aplican en cada aspecto de nuestras vidas.

En primer lugar, debemos recordar que, para estar ordenados, los eventos deben ocurrir en una secuencia determinada. Para establecer la referencia y supervisar la secuencia, se requiere inteligencia.

Un Nido de Pájaro

Comencemos con un nido de pájaro. El resultado es un sistema que ofrecerá protección y hogar a sus crías. El pájaro empieza recogiendo ramitas y hojas, comenzando por la base y entrelazándolas para formar los lados hasta completarlo. Las ramitas se entrelazan para formar un interior circular, comenzando desde un solo punto y conectando todo.

Todas las aves tienen un plan similar que ejecutan secuencialmente. El nido debe tener el tamaño adecuado para albergar los huevos y a la madre mientras se posa sobre ellos hasta que eclosionan. Debe tener en cuenta la cantidad de huevos que puede poner y el tamaño máximo de las aves que ocuparán el nido antes de que se vayan. El nido es necesario para mantener los huevos juntos en un lugar seguro para que eclosionen y las crías crezcan hasta que estén listas para emprender el vuelo y comenzar su vida por sí mismas.

Los nidos de cada especie son consistentemente similares. En algunos casos, es posible observar un nido e identificar la especie de ave que lo construyó. Cada nido se construye a partir de un plan instintivo y se ejecuta secuencialmente de principio a fin.

Este sistema requiere una referencia fija, ya que ciertas características críticas, como la forma y el tamaño, deben ser consistentes. El ave debe decidir dónde estará la base y dónde comenzarán los lados para determinar las dimensiones internas del nido. Por lo tanto, debe tener una referencia fija a partir de la cual construir estas dimensiones relativas. Para construir este sistema, el ave debe tener la inteligencia suficiente para, primero, seleccionar un lugar adecuado para el nido, encontrar las ramas y hojas, que serán la materia prima para construirlo, y luego comenzar el proceso de construcción. También debe saber cuándo está completo y listo para proporcionar un hogar adecuado para todos los huevos.

El interior del nido es básicamente circular. Si observamos la geometría de un círculo, vemos que para construirlo necesitamos una referencia fija, que es el centro del círculo. La distancia del centro al perímetro es el radio, y este es constante para cualquier círculo. El ave tiene una imagen mental del centro y el radio o diámetro, y construye el círculo manteniéndolos constantes o relativamente constantes, según las tolerancias permitidas para dicha estructura. En otras palabras, se permite cierto margen de error.

Se necesita inteligencia para construir un nido. También se requiere una habilidad considerable para tejer una estructura así. Si intentaras hacer una estructura así, te resultaría muy difícil y es posible que nunca obtuvieras un producto final con la calidad e integridad estructural de un nido de pájaro. Sin embargo, tenemos manos con pulgares oponibles y un cerebro mucho más grande y complejo.

Si vieras un nido de pájaro solo y desconocieras su conexión con un pájaro, pensarías que fue construido por algún tipo de inteligencia? Si lo consideramos un sistema ordenado, entonces, por definición, tendría que provenir de una fuente inteligente. Por observación, sabemos que es un sistema ordenado y, al observar el diseño, vemos que tiene una referencia fija.

Una Colmena de Abejas (Panal)

Consideremos otro sistema ordenado: un panal. Si viéramos un panal en un árbol y no viéramos las abejas que lo hicieron, creeríamos que proviene de una fuente inteligente u ordenada. Se requiere inteligencia, incluso a este nivel, para construir tal estructura.

Ahora, mírelo desde la perspectiva de las abejas. Se les asigna la tarea de crear una estructura simétrica a partir de un solo material, que ellas mismas producen, para proporcionar un hábitat adecuado a sus crías y almacenar miel. Para hacer un panal, deben empezar por algún punto. Esta es la referencia. Una vez establecida esta referencia, deben atenerse a ella para que cada celda tenga simetría geométrica con la celda adyacente.

Hay muchas abejas participando en este proyecto, por lo que la información de referencia debe comunicarse con precisión a todas ellas y no pueden permitirse ningún error. Deben trabajar en equipo. Si cambiaran esta referencia durante la construcción, la colmena se deformaría y no se ensamblaría correctamente. Basta con un solo cambio en la referencia para que esto ocurra, por lo que todas las celdas posteriores, después de la primera, deben construirse con referencia a la primera. Este es solo un ejemplo sencillo, pero el principio es fundamental en el desarrollo de cualquier sistema ordenado.

Pájaros Volando en Formación

Para las aves que vuelan en formación, el ave líder es la referencia. Para las aves que recorren largas distancias, el ave líder gira, ya que esta posición requiere un esfuerzo energético significativamente mayor, mientras que las demás aves vuelan en la estela del ave líder.

Volar en la estela requiere menos esfuerzo, lo que permite vuelos más largos. El ave líder gira para que pueda descansar. Cuando observamos esta formación, en los gansos, se trata de una "V" perfecta, lo que indica que está ordenada y, por lo tanto, demuestra inteligencia por su parte.

Estos son algunos ejemplos de fuentes inteligentes, distintas a la humana, que crean sistemas ordenados.

Ahora analizaremos al ser humano y cómo hemos desarrollado sistemas ordenados para comunicarnos, enseñar, fabricar y navegar, así como otros sistemas ordenados familiares que hemos construido.

Cualquier sistema ordenado que hemos desarrollado, en todos los casos, se hizo para simular, describir o comunicar aspectos del sistema ordenado del que formamos parte.

Recuerden, si ahora observamos objetivamente el panorama general, en nuestro esfuerzo por determinar el origen de la creación, debemos observarlo como un detective que examina la escena de un crimen. Buscamos huellas o patrones en la creación que indiquen la personalidad del Creador.

Ahora revisaré varias disciplinas, con las que la mayoría estamos familiarizados, para destacar cada uno de sus componentes fundamentales. El tema que se hará evidente es que cada componente fundamental tiene una referencia fija y cumple leyes físicas inmutables. Esto indica que existe una referencia, de una fuente inteligente, que mantiene estas leyes constantes u ordenadas. Las cosas solo permanecen ordenadas si tienen una referencia fija. La referencia debe ser establecida por una fuente inteligente que comprenda la secuenciación. Esta es la única manera de desarrollarse y crecer ordenadamente a partir de la referencia inicial. Pero primero, comenzaré con los sistemas ordenados creados por el hombre.

SISTEMAS ORDENADOS CREADOS POR EL HOMBRE

Comunicación/ Idioma

Dado que venimos a este mundo a través de nuestros padres, estamos directamente vinculados a ellos. Muestran un deseo innato de amarnos y protegernos. Nos cuidan cuando no podemos hacerlo por nosotros mismos. Nos proveen de lo necesario para la vida y son los primeros en enseñarnos los fundamentos de la supervivencia. Este rasgo se observa en todo el mundo animal del que formamos parte.

Tras tomar consciencia de estar vivos, uno de nuestros primeros instintos es comunicarnos con los demás. De bebés, usamos instintivamente el lenguaje universal: el llanto, que significa "estoy triste", la sonrisa, que significa "estoy feliz", etc. Entonces empezamos a aprender el lenguaje común. Este es el primer sistema ordenado que aprendemos para una comunicación detallada y precisa.

El lenguaje corporal universal es la forma en que nos comunicamos inicialmente sin la palabra hablada ni escrita. Todos, como seres humanos, entendemos una sonrisa, un ceño fruncido u otra expresión facial. De igual manera, gestos como hacer una seña con el brazo significan "ven por aquí". El lenguaje corporal tiene significado y reconocemos inmediatamente una expresión de amabilidad o rechazo sin la palabra hablada ni escrita. La comunicación requiere inteligencia por parte de ambas partes. La referencia universal para la comunicación es el lenguaje corporal, pero a medida que nos volvemos más sofisticados, desarrollamos el lenguaje hablado y escrito.

El lenguaje hablado incorpora sonidos específicos en una secuencia fija y con un significado específico que siempre es coherente. Luego, vamos a la escuela para aprender a leer y escribir. Más tarde, aprendemos matemáticas, ciencias y artes. Esta es la práctica aceptada. Así es como nos preparamos para ocupar nuestro lugar en la sociedad en la búsqueda del conocimiento y para desempeñar un papel responsable. A través de todo esto, intentamos comprendernos a nosotros mismos y a nuestro mundo.

Si examinamos el lenguaje, vemos que está ordenado. Desarrollamos sonidos específicos o combinaciones de sonidos para comunicar pensamientos específicos. Todos en una comunidad deben usar la misma combinación de sonidos en la secuencia adecuada para expresar el mismo pensamiento, petición o emoción.

Con el tiempo, aprendemos a comunicarnos con fluidez. Cuanto mejor nos comuniquemos, mejor podremos intercambiar ideas y pensamientos con precisión. Esto es importante, ya que necesitamos funcionar como una comunidad. Cada uno de nosotros forma parte de ella y, para contribuir al máximo, debemos estar en armonía.

Luego pasamos a la palabra escrita, ya que a veces es necesario comunicarse con alguien que no nos escucha. Desarrollamos referencias comunes, como el alfabeto, palabras y oraciones. El alfabeto representa sonidos específicos. Una palabra es la combinación de símbolos del alfabeto que representan estos sonidos, en secuencia. La oración es una combinación de palabras que expresa un pensamiento, un deseo, una pregunta o una orden.

En cualquier idioma, estas palabras deben ser las mismas para cada comunicación o significado específico que representan. En inglés, una 'niña' es una joven mujer. Un 'perro' es un tipo específico de animal, al igual que un 'caballo' o una 'vaca'. Debemos mantener estas constantes; de lo contrario, nos confundiríamos por completo y el lenguaje perdería su propósito.

Cada nación tiene su propia lengua materna o dialecto. Dentro de esa lengua, las palabras deben tener el mismo significado. Damos esto por sentado, pero lo que hemos hecho es crear un estándar o referencia de comunicación para todos en ese grupo. Además, la referencia debe ser fija para evitar confusiones.

Como mencioné antes, desde que nacemos, nuestro entorno nos programa. Recopilamos información y conocimiento sobre nuestro mundo. La única manera de hacerlo es porque somos seres inteligentes. Nacemos con inteligencia. Tenemos memoria, por lo que podemos reconocer secuencias y aprender mediante un proceso de acumulación de información o conocimiento.

La información no puede almacenarse aleatoriamente; de lo contrario, no podríamos usarla eficientemente ni siquiera acceder a ella. Debe existir una referencia a la cual todos los bits de información estén conectados, almacenados y accedidos lógicamente. En otras palabras, debe estar ordenada. Esta es la única manera en que podríamos acceder, almacenar y recuperar esta información de forma precisa y eficiente. También hemos aprendido que el almacenamiento de información en el cerebro es redundante, lo que facilita su acceso.

Ahora podemos ver lo importante que es la coherencia para mantener una comunicación precisa al utilizar el lenguaje.

Las sociedades inventan continuamente nuevas palabras para describir nuevos inventos, conceptos y procesos de pensamiento específicos a medida que crecemos en conocimiento y cambiamos. Sin embargo, debemos ser consistentes en su aplicación para evitar confusiones. A veces, las palabras desaparecen de nuestro vocabulario si ya no son relevantes o necesarias en nuestro entorno o sociedad cambiantes.

En toda comunicación, la coherencia es fundamental, como un significado común de una palabra o expresión en particular, para que podamos transmitir con precisión nuestros pensamientos. La comunicación verbal precisa es extremadamente difícil, ya que a veces no sabemos cómo se interpretan nuestras palabras. Las diferencias culturales (acentos) pueden resultar en diferentes interpretaciones de las palabras, incluso si esta no es la intención. En general, esto es lo mejor que tenemos, por lo que debemos perfeccionar constantemente nuestras habilidades lingüísticas.

En nuestro mundo, existen varios idiomas que dificultan la comunicación verbal. ¿No sería fantástico que todos tuviéramos un lenguaje verbal y escrito universal? Así tendríamos una referencia de comunicación universal. Las diferentes culturas podrían seguir teniendo sus lenguas étnicas o dialectos únicos.

Nuestro corazón es lo que representa con precisión nuestros pensamientos. El lenguaje, en el mejor de los casos, es solo una aproximación de los pensamientos que intentamos transmitir a los demás. A veces decimos cosas que son lo contrario de lo que realmente pensamos. Esto ocurre cuando practicamos el engaño. Dios conoce nuestros corazones y, por lo tanto, no puede ser engañado.

Matemáticas

Damos por sentado el aprendizaje de las matemáticas. Se espera de nosotros. Pero por qué es necesario? Lo que hacemos es simular eventos o sucesos naturales. Necesitamos un estándar o referencia para comunicar lo que vemos en la naturaleza: dos naranjas en lugar de una. Qué tal 100 naranjas o más? Cómo se lo comunicamos a alguien? Usamos lenguaje y símbolos (números) para representar principios matemáticos y así poder comunicar condiciones lineales o incluso en constante cambio, como en el caso del cálculo. Aprendemos a contar. Pero primero necesitamos una referencia, y esa referencia debe ser fija. A esta referencia la llamamos 'CERO'.

Si algunas personas cambiaran esta referencia de 'cero' a 'uno' y todos los demás la mantuvieran en 'cero', todos sus cálculos serían incorrectos con respecto a todos los demás miembros del grupo. Por lo tanto, vemos la importancia de mantener la referencia fija para todos. No podemos estar en armonía a menos que tengamos la misma referencia. Armonía significa orden, no aleatorio o desordenado. Solo podemos simular fenómenos naturales con este sistema matemático porque la naturaleza también está ordenada. La naturaleza surgió primero con orden, y las matemáticas fueron diseñadas para simularla. Solo el orden puede simular el orden.

A medida que progresamos de cálculos lineales simples a funciones hiperbólicas, el principio sigue vigente. Las funciones hiperbólicas, como el seno y el coseno, simulan formas de onda como las ondas de luz y sonido. Las funciones exponenciales simulan el crecimiento poblacional y otros fenómenos de la vida real que comienzan lentamente pero aumentan drásticamente con el tiempo, o viceversa. (Véanse los diagramas a continuación

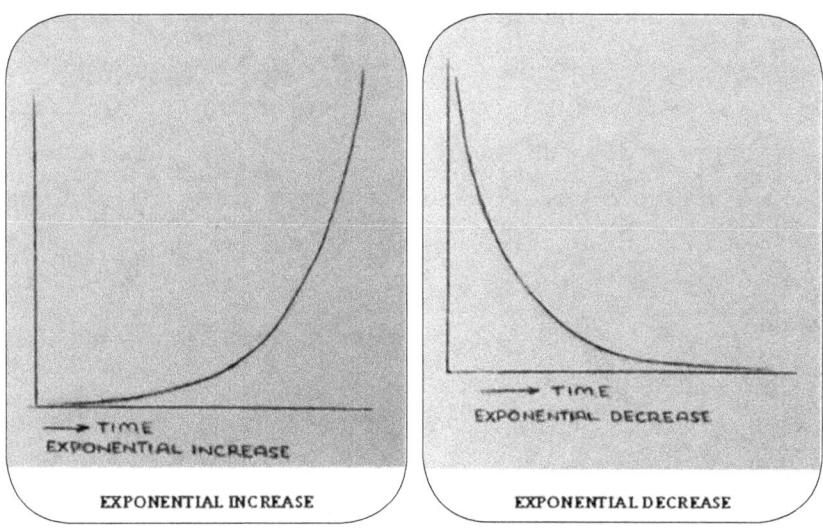

EXPONENTIAL INCREASE   EXPONENTIAL DECREASE

Las características de la población se representan mediante la 'curva de campana' (página 86). Esto se analiza más adelante, incluyendo estándares como la media y la desviación típica. En todos los casos, utilizamos estas ecuaciones para simular la naturaleza. Además, en todos los casos, necesitamos una referencia fija. La inteligencia es un factor determinante al establecer estas referencias.

Nota

El siguiente es un ejemplo sencillo de cómo calculamos las incógnitas de una ecuación con otros factores conocidos. Esta es una aplicación típica de una ecuación matemática lineal.

Observa la sencilla ecuación que aparece a continuación:

$$C = A \times B$$

Para determinar el valor de C, debemos conocer A y B. Para determinar cómo cambia C con respecto a A o B, necesitamos mantener A o B constante y variar el otro. Si hacemos que B = 2, entonces C = 2A. En esta ecuación, C y A tienen una relación lineal. C siempre es el doble del valor de A.

Si graficamos estos valores, obtenemos una línea recta con una pendiente de 2. La línea también pasa por el origen, ya que cuando A es igual a 0, C también es igual a 0.

Esto es muy básico, pero el concepto es cierto en todos estos cálculos.

Al definir el comportamiento de la naturaleza, desarrollamos ecuaciones como esta que se aproximan a lo que realmente ocurre. Puede haber algunos errores o pequeñas variaciones, pero son insignificantes considerando las características generalmente predecibles obtenidas a partir de los resultados.

Decimos que uno y uno son dos. Esto es hipotéticamente cierto. Si aplicáramos esto a una situación real, diríamos que un huevo más un huevo son dos huevos. Sin embargo, no hay dos huevos iguales. Técnicamente, un huevo puede ser más grande que el otro, lo que los hace desiguales. O puede haber variaciones de color o forma. Pero, a efectos prácticos, un huevo más un huevo son dos huevos.

Al diseñar algo, tenemos en cuenta que habrá variables que no podremos controlar por completo. Por eso, desarrollamos tolerancias para determinar cuánto error se puede tolerar sin afectar la función prevista del producto. La tolerancia se aborda más adelante en este libro.

Fabricación

Soy Ingeniero de Fabricación de formación. Obtuve mi título en la Politécnica de la Ciudad de Birmingham y mi maestría en la Universidad de Birmingham, Inglaterra. Mi especialidad era Gestión de Fabricación y mi trabajo en la industria consistía en coordinar los diversos procesos y disciplinas en una planta de fabricación para garantizar que el producto terminado se fabricara a tiempo y según las especificaciones de diseño. Estas disciplinas incluían Ingeniería Mecánica, Ingeniería Eléctrica, Ingeniería Civil y Electrónica. Esto me dio la oportunidad de trabajar y visitar diversas instalaciones de fabricación. De esta manera, me familiaricé con muchos procesos de fabricación, desde la fabricación general hasta la medicina, la tecnología y la industria aeroespacial. Además, trabajé durante 35 años en una compañía de seguros como Consultor de Control de Riesgos. Esto me dio acceso a numerosas instalaciones de fabricación, donde analizaba los procedimientos de control de calidad desde la perspectiva del diseño y la seguridad del producto.

Todas las operaciones de fabricación tienen un denominador común: procedimientos de fabricación detallados, que incluyen el control de calidad en todas las etapas de la fabricación. Esto es esencial para producir productos de alta calidad de forma predecible y repetible.

Alguna vez has creado algo, lo que sea? Entiendes la precisión que se requiere para producir piezas mecánicas o de muebles para que el producto final sea funcional y estéticamente agradable?

Siempre he disfrutado de varias aficiones, como el modelismo, la pintura al óleo, la electrónica y la carpintería. Gracias a esta experiencia combinada, sé lo que implica diseñar y fabricar un producto. Lo que implica seleccionar y moldear las materias primas para obtener un producto terminado; un sistema ordenado.

Ya estoy jubilado desde hace más de seis años. Por lo tanto, tengo tiempo para repasar los conocimientos y la experiencia que he adquirido a lo largo de mi vida y ponerlos en perspectiva.

He aprendido que los materiales deben ser los adecuados para la aplicación para crear un producto de calidad. Es necesario comprender las propiedades de los diversos materiales utilizados en un proyecto para que sean compatibles con el producto final. También se requiere el conocimiento pertinente de los procesos de producción y la secuencia correcta en los procesos de fabricación y ensamblaje de componentes. Si el último paso es incorrecto, todo el proyecto está en riesgo, incluso si se ha hecho todo lo demás correctamente.

Se necesita inteligencia para seguir la secuencia y que se lleve a cabo en el orden correcto. En algunos casos, incluso la sincronización es importante: ni demasiado rápido ni demasiado lento. El proceso dista mucho de ser aleatorio. De hecho, no puede ser aleatorio, ya que, por definición, es un proceso ordenado.

La frustración surge cuando trabajas en un proyecto y este no avanza como esperabas. Esto sucede porque tus procedimientos de producción son incorrectos o no sigues las leyes de la naturaleza.

Si fabrica algo de acero, debe utilizar herramientas de corte que sean más duras que el material a cortar y que no sean frágiles, por lo que no se romperán bajo la fuerza de corte. La velocidad de corte también es importante; de lo contrario, la herramienta podría sobrecalentarse, perder su dureza y volverse ineficaz. La velocidad de corte también puede afectar la tolerancia y, si esto es crítico, es necesario controlar estas variables al máximo para obtener resultados consistentes.

Lo que quiero decir es que debemos ser consistentes para tener un éxito predecible y constante. Este proceso no es aleatorio, sino que sigue una secuencia establecida que debe seguirse estrictamente para producir el componente final deseado. Se requiere el mismo procedimiento para todos los componentes. El ensamblaje final del producto es una dimensión adicional donde existe una mayor posibilidad de error, incluso si todos los componentes cumplen con las especificaciones requeridas. Esto se debe a que ahora también deben tenerse en cuenta aspectos como la alineación y la compatibilidad.

Para producir varios componentes precisos que conforman el producto terminado, es necesario implementar un sistema de control de calidad. Esto es fundamental para garantizar la consistencia en la fabricación de productos de calidad.

En lugar de mecanizar, un método alternativo sería fundir el acero y moldearlo en la forma deseada. Este proceso, con un orden diferente, permite lograr un producto final similar. Se conoce el producto final deseado y se formula la secuencia de fabricación para lograrlo. Esto requiere inteligencia. Durante todo el proceso, se supervisa continuamente la precisión para obtener un producto de calidad. También sabemos cuándo se llega al final y dónde debe detenerse el proceso.

Reglas similares se aplican al trabajar con diversos materiales, como madera, tela, plásticos, productos químicos, etc., que tienen propiedades diferentes. Siempre hay pautas establecidas que se deben conocer para tener éxito. Si se omite alguno de estos pasos o se realiza fuera de secuencia, el resultado será negativo.

En general, todo lo que se crea o produce se realiza siguiendo pautas establecidas de principio a fin. En todos los casos, solo se utilizan las materias primas disponibles. Son los mismos materiales, con las mismas propiedades, que se utilizaron para crear el universo.

Algunas personas pueden tener talento para el diseño y la fabricación, lo que les permite crear un diseño original y un producto terminado sin mucho esfuerzo. Esto no es habitual. Se requiere talento y experiencia para llevar a cabo una tarea así. Nunca se deben subestimar los desafíos que presenta.

Mecanizado CNC (Control Numérico por Computadora)

El mismo principio de planificación y establecimiento de una referencia se utiliza en el mecanizado CNC para fabricar piezas mecanizadas con precisión para cualquier aplicación. El programa de control de la máquina herramienta debe tener un punto de referencia fijo, generalmente $(0, 0, 0)$, antes de poder mecanizar una pieza con precisión. Estas son las coordenadas del punto de referencia fijo. La herramienta de corte debe conocer siempre su ubicación con respecto a este punto. Solo así puede reconocer su ubicación actual o sus coordenadas y saber dónde proceder.

Esta es también la tecnología utilizada en la impresión 3D. En lugar de usar una herramienta de corte como en el mecanizado CNC, el programa ahora controla un tipo de boquilla de pulverización que expulsa el material del producto sobre una superficie plana (cuadrícula). Según las dimensiones del producto, la boquilla expulsa el material a las dimensiones correspondientes, comenzando por la base y aumentando en dirección vertical, para duplicar exactamente las coordenadas tridimensionales del producto. Lo que hace es construir el producto rebanada a rebanada, hasta completarlo. Este es el proceso de integración, como se aprende en matemáticas. Cuanto más pequeño sea cada paso incremental, más preciso será el producto final.

Antes de la invención de las máquinas CNC, se utilizaban patrones para medir la precisión dimensional a medida que el proceso de mecanizado se acercaba a las dimensiones del producto final. El operario necesitaba tener estos patrones en su máquina para medir la precisión de cada pieza durante el mecanizado. Estos patrones están fabricados con un material muy estable y ofrecen una precisión dimensional muy alta. Por lo tanto, son adecuados para su uso como referencias al realizar mediciones con altos grados de precisión. Estos patrones incluyen micrómetros, calibradores vernier e instrumentos de medición similares de alta precisión.

La primera regla podría haber sido un recipiente con agua, con la superficie como referencia. La superficie del agua sería perfectamente plana bajo la acción de la gravedad, por lo que sería una buena referencia. Otra referencia podría haber sido una cuerda suspendida con un peso en el extremo o una cuerda tensada entre dos puntos fijos. Tuvimos que empezar por algún punto, pero una vez establecidas las referencias básicas, pudimos mejorarlas para obtener resultados más precisos.

Tolerancia

Todo sistema de materiales solicitado debe tener ciertos límites o un grado de tolerancia de error. Dentro de estos límites, la tolerancia se considera aceptable y el producto funcionará según lo diseñado. Sin embargo, fuera de estos límites, el producto no funcionará satisfactoriamente y se considerará defectuoso.

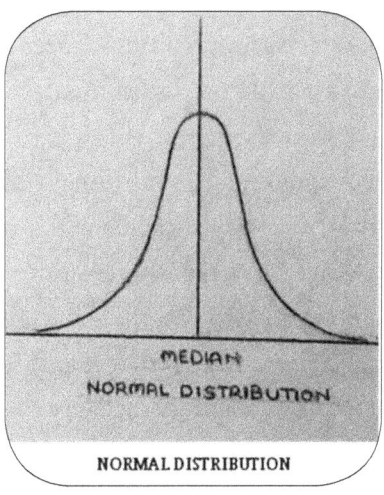

NORMAL DISTRIBUTION

Un defecto indica que algo está mal y necesita ser corregido. Se permite una tolerancia en torno a una referencia fija (las especificaciones del dibujo). Matemáticamente, esto se representa típicamente mediante una distribución normal, alrededor de la mediana o referencia (ver diagrama anterior), para múltiples muestras de dimensiones o características similares. La mayoría de las muestras se encuentran cerca de la mediana, siguiendo una distribución normal o uniforme a ambos lados de la referencia. Podemos entonces analizar los datos de la distribución y calcular la desviación estándar. Con base en la tolerancia aceptable, una desviación estándar puede ser la tolerancia aceptable a ambos lados de la mediana. Cualquier lectura fuera de una desviación estándar sería inaceptable.

El diagrama a continuación muestra dos desviaciones estándar, una a cada lado de la mediana. Esto representaría la tolerancia generalmente aceptada en un proceso de fabricación. Cualquier componente dentro de este rango es aceptable y cualquier componente fuera de este rango será rechazado.

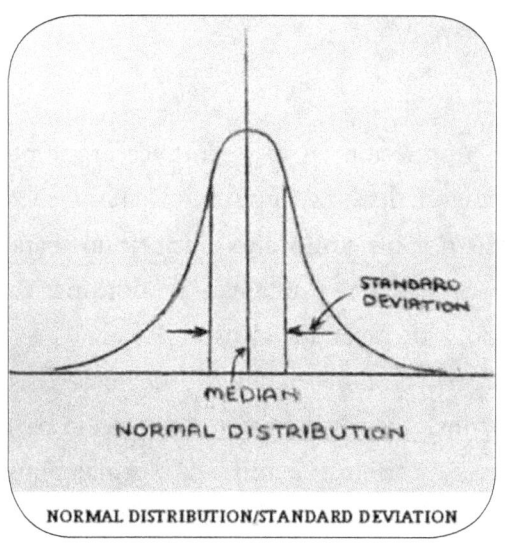

NORMAL DISTRIBUTION/STANDARD DEVIATION

Un ejemplo de la aplicación de la tolerancia es un pistón que debe encajar en un cilindro. Si el radio del cilindro es de seis pulgadas, el pistón debe ser menor para que encaje dentro del cilindro. También debe tener cierta holgura para que se mueva libremente en el cilindro. Debemos recordar que el cilindro también tiene una tolerancia. Un cilindro de seis pulgadas tendría una tolerancia de, digamos, más o menos 0,005 pulgadas. Por lo tanto, el diámetro mínimo aceptable sería 6 pulgadas menos 0,005 pulgadas. El diámetro máximo del pistón debe ser este valor (6 - 0,005 pulgadas) menos la holgura requerida entre el pistón y el cilindro, para que el pistón se mueva libremente dentro del cilindro. El valor de la tolerancia debe estar determinado por la holgura admisible entre el pistón y el cilindro para que haya un buen ajuste. Si el ajuste es demasiado flojo, habrá demasiada holgura y, si es demasiado estrecho, el pistón no encajará o quedará demasiado apretado. Ahora se puede apreciar la importancia de obtener las tolerancias adecuadas para lograr un producto exitoso.

Producción en Masa

El proceso de producción en masa implica cronometraje, secuenciación y repetición. Esto es importante cuando necesitamos fabricar un producto a un ritmo alto y continuo. Para implementar un sistema de este tipo, es fundamental coordinar todas las etapas de la producción, incluyendo la disponibilidad de materia prima de los proveedores, el almacenamiento de materias primas y productos terminados, y la planificación del proceso de fabricación en cuanto a secuencia y control de calidad. Normalmente, existen procedimientos de control de calidad en cada etapa de producción de los componentes.

En cualquier línea de producción, existen etapas secuenciales. Si analizamos el sistema completo, debemos considerar todo, desde el diseño hasta la finalización e incluso el uso, ya que es necesario considerar la seguridad y la fiabilidad del producto según su historial de uso.

Las piezas fabricadas deben llegar a la línea de montaje cuando se necesitan para el proceso de ensamblaje. Esto debe planificarse y supervisarse de cerca para garantizar que el proceso avance sin contratiempos.

El proceso comienza con el concepto o la idea del diseño, con la investigación y el desarrollo, y luego con la fabricación, comenzando con el prototipo. También es necesario contar con la retroalimentación del cliente para poder incorporar los cambios necesarios en futuros diseños que satisfagan mejor sus necesidades.

Si observamos el mundo natural, vemos que existe producción, o mejor dicho, reproducción de seres vivos. Dado que los materiales utilizados siguen las mismas leyes tanto en nuestras líneas de producción como en los procesos que observamos en la naturaleza, ¿crees que es razonable suponer que se utilizó un proceso similar para el diseño y la reproducción de los seres vivos? Tuvo que haber una idea y un plan, cuya fuente debió ser inteligente. Además, tuvo que haber habido una secuencia y una sincronización, lo que complica aún más el proceso de producción/reproducción. De nuevo, esto solo puede ser realizado por una mente inteligente. Ningún sistema ordenado puede crearse o producirse sin seguir estos pasos secuenciales y oportunos, así como sin saber cuándo detenerse.

En el proceso natural, nuestros alimentos son la materia prima que nos construye y nos mantiene. Todos los elementos necesarios para el diseño de nuestro cuerpo físico se encuentran en los alimentos que comemos y el aire que respiramos. El DNA (también conocido como genes) se encarga del diseño, la fabricación y el control de calidad.

El diseño inicial debió ser obra de un diseñador inteligente, al igual que el proceso de desarrollo secuencial.

Robótica

Los robots están diseñados para simular el movimiento del cuerpo humano. Quienes han diseñado robots saben que esta es una perspectiva muy desafiante, ya que el movimiento humano es muy complejo.

Consideremos una línea de producción sencilla, donde es necesario simular el movimiento humano en áreas como el llenado y el envasado. Cuando el ser humano es reemplazado por un robot o un proceso automático, todo debe ubicarse con precisión. Hay muy poca flexibilidad, mientras que con un ser humano, la flexibilidad es casi ilimitada. La diferencia radica en que el ser humano sabe qué hacer y, ante circunstancias cambiantes, fuera de lo normal, es capaz de compensar.

Hay que enseñarle al robot cada movimiento y es incapaz de hacer nada fuera del ámbito de lo que ha sido programado para hacer.

Si una botella que se va a llenar en la línea de producción se cae accidentalmente o, por alguna razón, se deforma, no se llenará correctamente y el robot debe estar programado para detenerse en ese caso. El operario reconocería el problema de inmediato y lo corregiría.

Al robot se le proporciona una referencia fija desde la cual comenzar, y todos sus movimientos se referencian a partir de ese punto. Si se modifica la referencia, no funcionará correctamente. Si la referencia permanece invariable, las coordenadas se ubicarán con precisión, pero si la botella que se va a llenar no está en la posición correcta, el líquido se derramará a menos que el robot y la línea de producción estén programados para detenerse cuando se presente dicha situación.

El robot está diseñado para realizar trabajos altamente repetitivos con gran velocidad y precisión, pero solo si las condiciones se mantienen consistentes con aquellas para las que ha sido programado.

Nota: Se podrían diseñar robots con cámaras que proporcionen información similar a la que nos proporcionan nuestros ojos. Esto representaría una mejora con respecto al diseño básico. Sin embargo, replicar la capacidad de razonamiento y las emociones de un ser humano aún está fuera del alcance de esta tecnología.

Almacenamiento de Datos del Sistema Informático

Todos sabemos que la precisión es inherente al diseño de las computadoras. Cómo pueden lograr tal precisión? Primero, hay que darles una referencia fija.

Una computadora almacena datos en formato binario en base ocho. Esto significa que solo reconoce dos condiciones: 0 y 1 (binario). Estas se utilizan en diversas combinaciones utilizando ocho elementos de contenido descriptivo compuestos por este formato binario. Se eligió el formato ocho porque permite un número relativamente infinito de combinaciones para representar cada símbolo almacenado o procesado. Los símbolos significan números y letras del alfabeto, etc.

Cada símbolo se compone de ocho bits que usan solo 0 y 1. Así de simple es. En lenguaje eléctrico, esto significa voltaje (o corriente) cero o una unidad de voltaje (o corriente) cuyo valor debe permanecer constante para que se reconozca con precisión. Esto puede representarse solo por una fracción de voltio, por lo que se pueden usar voltajes bajos siempre que sean constantes y el circuito informático los reconozca como tales. Solo tiene que reconocer la diferencia entre 0 y 1. En los circuitos informáticos, el voltaje de la fuente de alimentación debe estar altamente regulado y ser estable para que proporcione una referencia estable y precisa para el voltaje del circuito informático.

Cada símbolo tiene su combinación única que incorpora los ocho bits. Se representan símbolos que representan nuestro alfabeto, nuestro sistema numérico y otros símbolos como comas, puntos, dos puntos y punto y coma. Cuando se introducen los ocho bits de la combinación que representa un símbolo, por ejemplo, en la memoria, el circuito reconoce que la información que representa ese símbolo está completa y los siguientes ocho bits representarán el siguiente símbolo. Se almacenan en unidades de ocho. Cada uno de los ocho espacios se rellena con ceros y unos en la combinación específica que representa cada símbolo. Véase el ejemplo a continuación.

00000001, 00000010 y 00000011 representan 1, 2 y 3, respectivamente.

Existe una combinación específica de letras y números, por lo que cada uno se reconoce fácilmente. Cada número o letra tiene su propia combinación, comenzando por el lado derecho de la matriz. Por lo tanto, cada símbolo se representa con claridad, dejando poco o ningún margen de error. El único problema sería que el ordenador confundiera un cero con un uno, o viceversa. Por lo tanto, se tiene especial cuidado en garantizar la precisión del voltaje (o corriente) utilizado para representar el 1 y el 0, y en evitar interferencias externas al sistema.

Mientras sean consistentes, se garantizará la precisión.

Por lo tanto, podemos almacenar un nombre o un número, una frase, un párrafo o un libro usando estas combinaciones. La computadora es muy rápida porque los cálculos se realizan a aproximadamente 1/100 de la velocidad de la luz, a la velocidad de los electrones que fluyen en un conductor.

Por lo tanto, queda claro que el orden es fundamental y, para que esto sea posible, es necesario contar con referencias fijas para que cada operación se lleve a cabo de manera ordenada.

Entrada y Procesamiento de Datos Informáticos

Si has trabajado con computadoras, sabes lo preciso que debes ser al introducir datos. Esto indica la precisión que necesita el sistema para interpretar con precisión la entrada y garantizar una salida igualmente precisa. A estas alturas, seguramente habrás oído el término 'basura entra, basura sale'.

Crees que podrías programar una computadora al azar? Al contrario, cada bit de información debe ser preciso y estar en la secuencia correcta. Por la misma razón, el proceso de evolución no pudo haber programado a un ser humano. Tuvo que haber sido un diseñador inteligente.

Cada comando debe ser preciso y en la secuencia correcta para que podamos siquiera aspirar a un resultado exacto. Esto demuestra cómo la entrada de datos a la naturaleza tuvo que ser precisa para asegurar que la vida fuera posible y, aún más, la creación y el desarrollo del ser humano.

Cuando piensas en esto, crees que la vida se creó a partir de un proceso aleatorio de entrada de datos o fue un proceso ordenado por alguna mente superinteligente?

Circuitos Integrados Semiconductores

Cualquier persona familiarizada con el proceso de fabricación de semiconductores sabe que este requiere un control de calidad extremo. No puede haber contaminación de la oblea, salvo la introducción intencional de aditivos que modifiquen las características del producto final, según su función prevista. Este nivel extremo de control de calidad también es necesario para garantizar la replicación con una tolerancia muy alta o una tasa de error muy baja. El nivel de rechazos puede ser a veces extremadamente alto para mantener los estándares de calidad tan elevados deseados.

Esto es lo que se necesita para fabricar uno de los componentes críticos de una computadora. Esta es la única manera de garantizar la precisión y la fiabilidad al incorporar el producto a un circuito informático. No es un proceso aleatorio. Es totalmente ordenado.

Transformación de Datos Televisivos

La imagen que vemos en nuestro televisor de pantalla plana se transmite en forma de matriz o patrón utilizando ondas de radiofrecuencia como portadora, que forman parte del espectro electromagnético. Esta frecuencia es más larga que la de la luz visible.

Para que la imagen represente fielmente la imagen frente a la cámara, cuando llega al espectador, los bits de la matriz deben enviarse a la pantalla en secuencia precisa. La salida debe representar fielmente la entrada. Solo hay una manera de lograrlo, y eso significa precisión hasta el último bit. De lo contrario, la imagen que vemos será una distorsión de la original o no habrá imagen alguna. Para garantizar la precisión, debe haber una referencia que estabilice la señal para que la secuencia no cambie. Para lograr esto, cada estación transmite cada señal a una frecuencia específica, de modo que cuando sintonizamos esta frecuencia podemos recibir la señal. Los datos de imagen y sonido se superponen a la frecuencia portadora en la misma secuencia en la que segraban y transmiten en el mismo orden. La información de sonido y video se separa en el receptor y se envía a los circuitos respectivos para amplificar la información de imagen y sonido antes de enviarla al monitor de imagen y a las secciones de salida de audio, respectivamente. Los bits de la matriz, como vemos en las especificaciones de la pantalla del monitor de televisión, por ejemplo, "1080" por pulgada cuadrada, ocupan un lugar específico en la pantalla y no hay margen de error. No hay margen para la aleatoriedad.

Nuestra interpretación de la imagen que vemos, en lo que respecta al movimiento continuo, depende de lo que se denomina 'persistencia de la visión'. El mismo fenómeno se aplica a nuestra interpretación de una película. Cuando observamos un objeto, la imagen que vemos se imprime en los nervios ópticos (retina), pero no desaparece inmediatamente. Hay un retraso en la impresión en la retina. Este retraso es breve, pero suficiente para que percibamos la imagen completa, así como el movimiento continuo, aunque la imagen en la pantalla del televisor se envía como bits individuales de información en una secuencia rápida. Los bits se envían a aproximadamente 1/100 de la velocidad de la luz (3200 kilómetros por segundo), por lo que se envía mucha información por unidad de tiempo. A medida que la imagen cambia, parece estar en continuo movimiento, aunque se trata de una serie de bits individuales enviados en una secuencia rápida.

El cerebro interpreta la información transmitida por el ojo de tal manera que vemos el color, el contraste, el movimiento, la distancia o la profundidad. Tienes idea del grado de orden que requiere el desarrollo del ojo y el cerebro, trabajando juntos para que tengamos esa visión? Crees que se logró aleatoriamente mediante un proceso de prueba y error, sin una referencia fija? Crees que un sistema así podría obtenerse sin la intervención de un diseñador inteligente?

Si este es el tipo de precisión que se necesita para tener éxito en la transmisión de datos, cuánta más precisión se requeriría para desarrollar un sistema tan complejo como el cuerpo humano?

Si fuéramos a otro planeta y viéramos un televisor funcionando, no creeríamos que algo inteligente lo fabricó? Probablemente podríamos usar cualquier cosa como ejemplo, como un coche, un avión, una casa, etc. Sin embargo, algunos creemos que el cuerpo humano se formó por azar, y que fue ensamblado aleatoriamente a lo largo de un extenso período de tiempo.

Describirías el cuerpo humano, con toda su complejidad, como un sistema aleatorio o como un sistema ordenado? Si dices aleatorio, entonces tendríamos que usar otra definición de aleatorio. Si fuera ordenado, tendría más sentido. Recuerda que cualquier sistema ordenado debe tener una referencia fija. Esta referencia no puede cambiar y debe ser de un diseñador inteligente. En el caso del televisor, el ser humano es el diseñador inteligente.

Transmisión de Radio

Al igual que la transmisión de video, la transmisión por radio también utiliza ondas de radiofrecuencia que forman parte del espectro electromagnético. Estas son más largas que las utilizadas para la transmisión de televisión. Seguramente haya oído hablar de AM y FM. Estas son modulación de amplitud y modulación de frecuencia, respectivamente. AM utiliza las frecuencias más bajas del espectro de ondas de radio y FM las más altas para la transmisión.

Las ondas sonoras se superponen a una portadora electromagnética (onda de radio), modulando en un caso la amplitud y en el otro, la frecuencia. La información sonora se transmite a la velocidad de la luz y se decodifica en el receptor para obtener únicamente la información sonora. Esto se realiza mediante filtros electrónicos. Tras la decodificación, la onda sonora, en forma de corriente eléctrica, se amplifica y se introduce en un altavoz que hace vibrar el aire a las frecuencias de entrada, reproduciendo así el sonido.

Ahora transmitimos en formato digital, pero este formato debe representar con precisión el formato analógico y convertirse de nuevo a analógico, ya que es la única forma en que podríamos escuchar o interpretar el sonido.

Al sintonizar su radio, debe hacerlo en la frecuencia portadora electromagnética que intenta recibir; de lo contrario, no la encontrará. Los circuitos electrónicos asociados deben estar sintonizados con precisión en esa frecuencia. Esta es la frecuencia de referencia.

Construcción

Empezando por lo básico, si queremos construir un edificio, primero debemos elegir una unidad de medida. Puede ser la pulgada, el pie, el metro o la que elijamos. Sin embargo, una vez elegida la unidad de medida, debemos mantenerla o usar un método de conversión preciso. Esta es ahora nuestra unidad de medida de referencia.

En el sistema elegido, para que cualquier dimensión se represente con precisión, debe describirse en relación con el origen. El origen es, por lo tanto, la referencia fija. Esto es necesario para comunicar dimensiones exactas en el plano del sistema. Es fundamental poder interpretar con precisión la magnitud y la dirección desde ese punto de referencia hasta cualquier punto del plano.

(Lo que se denomina valor nominal en un plano u otra aplicación de ingeniería es aquel que resulta aceptable y se encuentra dentro de la tolerancia deseada.)

Como en cualquier sistema tridimensional, necesitamos los ejes X, Y y Z para una representación precisa. Los ejes X e Y representan la planta y el eje Z la elevación. De nuevo, debemos elegir una referencia fija, que normalmente se expresa con las coordenadas 0,0,0. Partimos del cero en cada eje. Cada eje representa la magnitud y la dirección en cada dimensión. La distancia desde la referencia es la magnitud. Necesitamos seleccionar esta referencia, y no se puede cambiar una vez iniciada la representación. Si se cambia, la representación será errónea.

Entonces, de dónde provino la referencia? Provino de una fuente externa al sistema: el diseñador. Se requiere de un responsable de la toma de decisiones competente para determinar qué se necesita, incluido el punto de partida (la referencia fija).

Aquí también, la tolerancia es importante, especialmente en los elementos estructurales de un edificio. Para que un elemento estructural sea aceptable, debe cumplir con la resistencia mínima requerida. En otras palabras, el límite inferior de la tolerancia debe ser igual o superior al requisito de resistencia mínima. La especificación de carga requerida también incluirá cualquier factor de seguridad.

Arquitectura

Se trata de una combinación de arte e ingeniería. Para crear una estructura que sea estéticamente agradable y a la vez funcional, combinamos ambas disciplinas: el arte y la ingeniería.

El arte es una expresión tanto emocional como espiritual de nosotros mismos. Para expresar esto en forma material, debemos obedecer las leyes de la materia.

Un edificio se diseña teniendo en cuenta su funcionalidad. En algunos casos, el diseño se adapta al gusto personal del cliente. Una vez aprobado el diseño estético, el siguiente paso es calcular las propiedades estructurales para garantizar que la estructura pueda construirse de forma segura para el uso previsto. Esta es la labor del ingeniero estructural.

En este punto, se realizan los cálculos de carga de la estructura, incluyendo la cimentación, el piso, los muros y el techo (en el caso de un edificio). Estos cálculos consideran las fuerzas a las que estará sometido el edificio, incluyendo un factor de seguridad, que es un factor de carga adicional que se suma a las cargas de diseño básicas. Estos factores se calculan para soportar cargas estáticas y dinámicas. Esto tiene en cuenta el peso (fuerza) y la distancia o longitud (momento). Estos elementos son cruciales en los cálculos para la resistencia de diseño.

Una vez más, vemos que las referencias fijas son cruciales. Todas las especificaciones involucradas están predeterminadas y las cantidades mínimas y máximas establecidas o fijas. El edificio ahora puede construirse de forma segura según estas especificaciones de diseño.

Arte/Pintura

En pintura, los colores primarios para pigmentos son el magenta, el cian y el amarillo. Para lograr el color más brillante, no se pueden mezclar más de dos de estos colores primarios. Normalmente, utilizo los dos primarios más brillantes, como el amarillo cromo y el rojo, para un atardecer espectacular.

No puedo usar azul en la mezcla, pues el color se apagaría o se tornaría grisáceo, perdiendo así su brillo. Al añadir azul, incorporaría el tercer color primario, que atenúa o neutraliza el color. Esta es la razón por la que, al limpiar nuestros pinceles con agua o trementina, el color del disolvente acaba por volverse apagado o sin brillo. En algún momento de nuestra pintura, habremos introducido los tres colores primarios en la mezcla, provocando que el color se apague. Como ves, con los pigmentos, los tres colores primarios, al combinarse, se neutralizan entre sí.

Los demás colores de la paleta son variaciones de estos tonos primarios, obtenidos mediante la mezcla de los primarios con los diversos matices de pigmentos naturales o sintéticos.

Para obtener el tono (color) deseado, es necesario seguir un protocolo fijo al mezclar colores, ya sean primarios u otros matices. Cada protocolo es consistente y repetible. Para crear sombras, añadimos el color complementario al tono en cuestión. Para contrastar un primario o matiz dado, yuxtaponemos (colocamos junto a) su complementario. En otras palabras, para que el amarillo luzca más brillante, lo yuxtaponemos con el púrpura complementario, que es la combinación de rojo y azul. Esto proporciona el mayor contraste según la percepción del ojo humano. Si queremos que el naranja luzca más brillante, lo colocamos junto al azul. Si queremos crear una sombra, añadimos el color complementario. Esto lo atenúa o neutraliza.

Es interesante observar que esto ocurre con los pigmentos utilizados en la pintura, pero con la luz natural, al mezclar todos los colores del espectro (en fase), obtenemos luz blanca y no oscuridad. Esto se debe a que los pigmentos absorben las partes del espectro que no reflejan. Aparecen del color que reflejan. Si el pigmento es naranja, absorbe la luz azul del espectro y refleja el amarillo y el rojo. Si añadimos azul, ahora absorbe también el rojo y el amarillo, por lo que aparecerá gris, ya que ha absorbido el azul con el pigmento original. Los tres colores primarios se absorben. Por lo tanto, el color ahora aparece gris.

Este es uno de los principios básicos que hay que conocer al mezclar colores para pintar. Estas relaciones son inmutables y dependemos de que permanezcan fijas; de lo contrario, no podríamos mezclar colores y obtener resultados consistentes.

Esto solo implica la mezcla de colores, que es una parte fundamental de cualquier proceso pictórico. Luego pasamos a la composición, el arte de colocar los colores sobre el papel o el lienzo. Esto requiere que tengamos un tema o, si se trata de arte abstracto, una idea clara de lo que queremos transmitir al espectador. Estas son las referencias fijas. Usamos nuestra inteligencia para fijar las referencias y a partir de ahí procedemos.

Al desarrollar una pintura, debemos utilizar estos principios 'consistentes' de mezcla de colores y temática, y consultarlos continuamente a medida que avanzamos. Estas son nuestras referencias y siempre influirán en el resultado final.

Como se mencionó anteriormente, es interesante observar que la luz y el pigmento presentan propiedades opuestas. Si mezclamos los componentes de la luz, los colores del espectro, se potencian entre sí. Sin embargo, si mezclamos los pigmentos primarios rojo, azul y amarillo, se neutralizan entre sí y obtenemos gris (o negro).

Al pintar, para obtener el color deseado usamos los colores primarios como referencia, ya que son únicos porque no podemos mezclar ningún otro color para obtener la pureza o semejanza de un color primario. Sin embargo, podemos usar los colores primarios para obtener otros colores.

La luz blanca es luz directa proveniente de una fuente que incluye todos los colores del espectro en fase; o luz similar que se refleja. Si una superficie parece blanca, ha reflejado toda la luz que incide sobre ella de forma aleatoria, sin absorber ningún color del espectro. Si la superficie es un espejo, refleja toda la luz con el mismo ángulo de incidencia. Este es el mismo ángulo con el que la luz incide sobre la superficie. La superficie se verá entonces como un espejo. Las superficies cromadas tienen esta propiedad reflectante. Una superficie negra absorbe toda o casi toda la luz.

Las características de la superficie determinan cómo se ve afectada la luz, según los colores que se reflejan o absorben. La superficie en sí no tiene color; solo la luz que refleja lo tiene. Por eso, en una habitación oscura, todo es negro. No se refleja la luz. La belleza reside en la luz, ya que es el único medio que perciben nuestros ojos.

Interpretación del Color

El cerebro interpreta los distintos colores de manera diferente. Los rojos, naranjas y marrones evocan calidez, mientras que los azules y verdes son frescos y evocan paz y calma. Esta podría ser la razón por la que el cielo es azul y los árboles verdes. Necesitamos estos colores en abundancia a nuestro alrededor para mantener la calma en nuestras vidas. Esta es la respuesta natural del cerebro a la interpretación de estos colores.

El arte es personal, aunque, en cierta medida, cultural en nuestra reacción ante una obra de arte en particular. A través del arte, se evocan en nosotros ciertas emociones como la paz, la agitación, el amor, el odio, etc. Estas emociones se desencadenan por el paisaje o la obra de arte que contemplamos.

La referencia del color es la luz, y esta es fija. Por eso ahora creo que todos vemos los colores de la misma manera. El amarillo que ve una persona es el mismo que ve otra. En algunos casos, el cerebro puede interpretarlo de forma diferente debido a una distorsión causada por un defecto en la interpretación de la señal. Esto es una anomalía como el daltonismo. Sin embargo, creo que la mayoría de nosotros vemos los mismos tonos de amarillo, rojo o azul.

Por lo tanto, concluimos que la luz es la referencia para el color y la forma de un objeto. Todas las frecuencias son fijas y nunca cambian. La luz es la referencia fija.

La luz conecta el universo. Viaja largas distancias a gran velocidad y hace posible ver otros planetas y estrellas. Para las estrellas, esta es la luz generada y para los planetas, la luz reflejada.

Música

La música tiene una escala común de notas cuya referencia es el Do central. Se trata de vibración mecánica o sonido, y se describirá en un capítulo posterior. Instrumentos como el piano y la guitarra se afinan utilizando el Do central como referencia. Es importante que los instrumentos estén en armonía, especialmente en una orquesta o banda grande. De lo contrario, notamos inmediatamente la disonancia. Nuestro cerebro busca la armonía, y resulta muy perturbador y molesto cuando escuchamos la disonancia. Somos seres inherentemente ordenados y reconocemos fácilmente cualquier forma de desorden, ya que nos resulta desagradable.

Usando el Do central como referencia (261,6 Hz), podemos componer un número infinito de melodías y nunca nos quedaremos sin combinaciones. Hemos desarrollado una escala musical usando octavas (8 notas) como bandas incrementales, antes de repetirlas, tanto por encima como por debajo de la referencia. Las octavas son bandas de frecuencia que el oído interpreta como ocho notas separadas.

La audición humana se encuentra dentro de un rango de frecuencia específico, desde aproximadamente 20 ciclos por segundo (Hz), en el extremo inferior, hasta aproximadamente 20 000 Hz, en el extremo superior. Esto se aplica a quienes tenemos una audición excelente. La audición se deteriora con la edad y por la exposición constante a ruidos fuertes. Por lo general, la pérdida auditiva comienza en las frecuencias más altas.

Nuestro sentido del oído nos permite escucharnos cuando hablamos, oír la música y que nos advierta de un peligro inminente.

Nuestros dos oídos, ubicados a ambos lados de la cabeza, nos permiten localizar la dirección de donde proviene el sonido. No solo oímos sonidos en estéreo, sino que también tenemos visión estéreo. La visión estéreo nos permite calcular distancias. ¿Crees que todo esto evolucionó al azar?

Sports

Todo deporte debe tener reglas. Estas reglas definen el deporte y lo diferencian de otros. El objetivo es alcanzar una meta, ya sea de forma individual o en equipo. Las metas están preestablecidas, con un sistema de puntuación para decidir al ganador. Normalmente, gana el individuo o equipo con la puntuación más alta. Sin embargo, en algunos deportes, como el golf, gana quien obtiene la puntuación más baja.

Las reglas son conocidas por todos los participantes y, en algunos casos, hay un árbitro o juez que vela por su cumplimiento. Generalmente, hay el mismo número de participantes en ambos equipos. Además, el deporte puede perfeccionarse mediante un proceso de eliminación, de modo que, al final, los equipos con el mejor récord compiten para determinar al ganador definitivo.

Estas reglas del juego son de referencia y deben fijarse; de lo contrario, el juego no podrá definirse con precisión y el resultado final estará en entredicho. Cada deporte puede considerarse un 'sistema ordenado', por lo que se aplican los componentes esenciales de un sistema ordenado. Las reglas del juego son esenciales, ya que definen el deporte.

FÍSICA

L AS LEYES DE la física definen nuestro mundo físico o material. Ahora les mostraré que estas leyes nunca cambian y trabajan juntas para mantener nuestro universo ordenado. Estas leyes inmutables indican una referencia fija que nunca cambia con el tiempo. La inmutabilidad es uno de los atributos de Dios. Vemos esta referencia fija manifestándose en los siguientes elementos de nuestro mundo.

Tiempo

Qué entiendes por el significado del tiempo? Es el instante que marca el reloj? Es un periodo finito en el que ocurren los eventos? Es el periodo infinito que abarca miles de millones de años? Es un estado mental? Yo diría que es todo eso.

El tiempo es la dimensión en la que la secuencia de eventos es fija. Algunos dicen que el tiempo es relativo, lo que significa que parece transcurrir lentamente o rápidamente, dependiendo de nuestro estado emocional. Si estamos disfrutando de una experiencia, el tiempo parece transcurrir rápidamente, y si estamos bajo estrés, puede parecer transcurrir lentamente, o incluso rápidamente si estamos intentando cumplir una fecha límite. Todo depende de la situación.

Usamos el tiempo como referencia para la secuencia de eventos en nuestra vida diaria. Si no tuviéramos memoria, el tiempo no significaría nada para nosotros. El tiempo se reconoce comparando al menos dos eventos en nuestra memoria, uno de los cuales es fijo. Se puede decir entonces que, para cada individuo, el tiempo es una función de la mente que nos da la capacidad de registrar eventos en la secuencia en que ocurren. Sin embargo, el tiempo es real en el sentido de que, incluso si no somos conscientes de ello, sigue avanzando. El tiempo avanza en una dirección para mantener una secuencia precisa.

En cualquier momento dado, ocurren un número infinito de eventos en nuestro universo. En estos instantes de tiempo, a los que llamamos «presente», estamos conectados entre nosotros. Una vez que este instante ha pasado, la oportunidad se pierde hasta posiblemente algún momento en el futuro. Lo que lo hace aún más difícil es que solo podemos estar en un lugar a la vez. En otras palabras, aprovecha al máximo cualquier oportunidad, ya que puede que no se presente de nuevo en el futuro.

Nuestro primer recuerdo se sitúa al principio de lo que parece ser el comienzo de nuestra vida (tiempo). Cuando dormimos o estamos inconscientes, en lo que a nosotros respecta, el tiempo se detiene. Se podría decir entonces que el tiempo es relativo a cada individuo.

En nuestra vida diaria, el tiempo es nuestra referencia. Nuestro calendario actual se basa en la fecha aproximada del nacimiento de Jesús. Jesús debió de causar una impresión imborrable en la mente y la vida de quienes lo conocieron, para que ahora usemos la fecha de su nacimiento como referencia fija del tiempo.

El tiempo comenzó en el cero absoluto. Para que el tiempo pudiera haber sido iniciado, tuvo que tener una referencia fija, y aún la tiene. La referencia no puede cambiar porque el orden debe mantenerse. El tiempo mantiene todos los eventos en secuencia ordenada.

La referencia absoluta, en sí misma, está fuera de la secuencia del tiempo porque la inició. El tiempo es un producto de esta referencia. El tiempo es el lugar donde se desarrolla la secuencia de eventos que transcurre durante nuestras vidas. El creador del tiempo no existe en esta secuencia. El creador está fuera del tiempo.

El tiempo permite que una mente inteligente desarrolle un plan, establezca una referencia fija e inicie la secuencia de acciones necesarias para completar dicho plan. Es el medio a través del cual accedemos a la secuencia de eventos. Usamos el tiempo como referencia para la secuencia de eventos en nuestra vida diaria. De nuevo, vemos que si no tuviéramos memoria, el tiempo no significaría nada para nosotros.

El único tiempo del que disponemos es el presente. Es instantáneo, es muy breve, pero todo lo que logramos ocurre en el presente. Lo bueno es que el presente es continuo y nuestros logros se acumulan. Sin embargo, el presente está desapegado, ya que, aunque estén tan cerca, no tenemos acceso físico al pasado ni al futuro. Si quieres maximizar tus logros, debes centrarte en el presente.

La edad es función del tiempo. Si el tiempo no es un factor, no existe el envejecimiento. Este concepto es compatible con la eternidad. El tiempo solo es relevante en nuestro plano de existencia.

El hecho de que cada cuatro años añadamos un día al calendario es un indicio de la aproximación de nuestros segundos, minutos y horas al ciclo natural. Lo que hacemos es intentar mantener la sincronía con el ciclo de la naturaleza. La naturaleza es la referencia y debemos sincronizarnos con esta referencia fija para mantener la precisión.

El tiempo está diseñado para avanzar en una sola dirección porque la secuencia es fundamental. El orden debe mantenerse.

Distancia y Espacio

Vivimos en un mundo tridimensional y, por lo tanto, para comunicar la ubicación y la separación relativa, necesitamos definir el concepto de distancia y dirección.

En física, esto se denomina vector, y posee magnitud y dirección. Desarrollamos unidades de medida como la pulgada, el pie, el metro, la milla, etc. Estas son las unidades de medida estándar o de referencia para la distancia (magnitud). También hemos desarrollado los grados para denotar el ángulo o la dirección desde un punto de referencia fijo.

Para que podamos ser coherentes y precisos al relacionar o comunicar distancia y dirección, debemos usar el mismo estándar y la conversión adecuada al cambiar de un estándar a otro. Es fundamental contar con un estándar o referencia antes de poder utilizarlo en cualquier aplicación práctica.

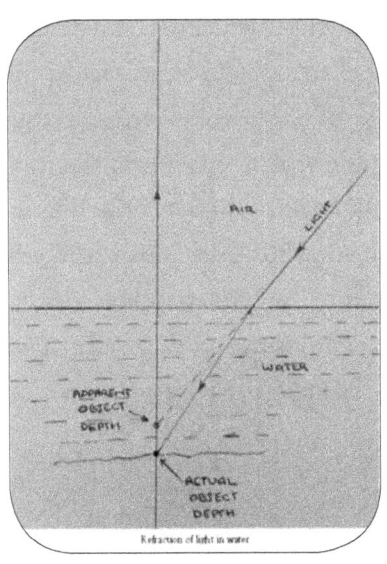

Lo único que intentamos hacer es simularlo y aplicarlo al mundo tridimensional en el que vivimos, utilizando un sistema con el que todos puedan identificarse. Con estos estándares, hemos desarrollado coordenadas que se utilizan para definir con precisión cualquier punto de la Tierra o del universo.

También utilizamos este sistema de medición para definir objetos tridimensionales, por lo que tiene aplicación universal. No solo define el tamaño, sino también la forma de todas las cosas en el universo.

Para distancias infinitas, usamos años luz, lo cual tiene mucho más sentido considerando el tamaño del universo. Para quienes no lo sepan,un año luz es la distancia que recorre la luz en un año. A una velocidad de 186 000 millas por segundo, podemos comprender por qué se utiliza la velocidad de la luz para calcular la distancia de estrellas o planetas a miles de millones o billones de millas de la Tierra.

La luz forma parte del espectro de radiación electromagnética, cuyas ondas viajan a la misma velocidad. En el vacío, se propagan en línea recta. Si el medio en el que se propagan permanece invariable, continuarán en línea recta. En el espacio, también se propagan en línea recta, pero las variaciones atmosféricas provocan que la luz se desvíe en mayor o menor medida.

Cuando la luz pasa del aire al agua, se produce la refracción, y el haz de luz cambia de dirección. Por eso, cuando se observa desde arriba, el agua parece menos profunda de lo que realmente es. (Véase el diagrama de la página 108 que muestra el efecto de la refracción).

Navegación

Ahora que se han desarrollado los estándares de medición para definir la distancia y la dirección, analizaré la navegación.

Utilizando los mismos estándares de medición empleados para la distancia y la dirección, con algunas modificaciones, pueden incorporarse a la navegación.

Para navegar en un mundo tridimensional, se deben usar tres ejes: X, Y y Z, para representar las tres dimensiones. Ahora que existen tres ejes, debe haber una referencia fija.

Para ello, hemos utilizado el ecuador (latitud) y Greenwich, Inglaterra (longitud), como ejes X e Y (respectivamente), con el eje Z extendiéndose 90 grados hacia arriba desde el punto de intersección de Greenwich y el ecuador (véase la figura A más abajo). Usando este punto como referencia, cualquier punto de la superficie terrestre puede definirse y extenderse desde la superficie, sobre el eje Z, hacia el espacio. En la intersección de Greenwich y el ecuador, las coordenadas son (0,0,0), la referencia fija. El tercer 0 es el punto de partida del eje Z.

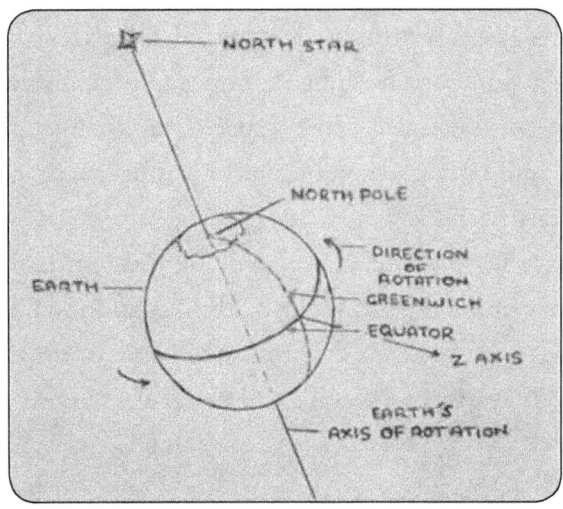

Para definir un punto en el espacio, se necesitan: al menos dos puntos fijos en la Tierra y triangular para fijar el tercero en el espacio. En cada caso, debe existir una referencia fija. Todos los puntos se definen con respecto a la referencia. Figure above.

Antes de que se desarrollara el sistema de navegación actual, que utilizaba satélites estratégicamente ubicados en órbitas fijas alrededor de la Tierra, se usaba la Estrella Polar como referencia. La Estrella Polar se encuentra en nuestra galaxia en un punto donde comparte el mismo eje de rotación que la Tierra. Está situada del lado del Polo Norte, de ahí su nombre.

Si se trazara una línea recta desde la Estrella Polar hasta la Tierra, pasando por el Polo Norte, estaría sobre el mismo eje de rotación terrestre. Por lo tanto, era la referencia perfecta para los barcos que navegaban de noche, ya que, en lo que respecta a la rotación terrestre, la Estrella Polar permanece fija. Actualmente, se utilizan satélites en órbitas fijas alrededor de la Tierra porque podemos colocarlos estratégicamente en órbita. Mediante triangulación, se puede localizar cualquier coordenada en la Tierra. Si se conocen las coordenadas, se puede utilizar el GPS para llevar a cualquier punto del planeta hasta allí.

Energía mecánica/Energía cinética

Una de las primeras ecuaciones que se aprenden en física es que la fuerza mecánica sobre un objeto se define como la masa multiplicada por la aceleración de ese objeto.

$$Force = mass \times acceleration$$
$$Also, Acceleration = velocity/time.$$
$$Power = force \times velocity$$

Ahora bien, toda la materia tiene masa, por lo que todo objeto tiene masa. Si se aplica una fuerza suficiente a un objeto, este comenzará a moverse y acelerará si la fuerza es lo suficientemente fuerte como para vencer la fricción. En otras palabras, si la masa es constante, como para cualquier objeto dado, la aceleración será proporcional a la fuerza aplicada al objeto. La aceleración es la tasa de cambio de la velocidad.

Esta relación se desarrolló a partir de datos experimentales. Las ecuaciones anteriores pueden utilizarse para estimar la velocidad máxima de un automóvil en función de la potencia de su motor. Es universal, ya que se aplica a cualquier objeto que se mueva por una fuerza de cualquier origen.

Estas ecuaciones se utilizan para simular el movimiento en la Tierra. La simulación de fenómenos naturales fue la base de su desarrollo, de modo que podamos predecir cómo actúan las fuerzas mecánicas sobre los objetos.

Para los objetos que se mueven bajo la fuerza de la gravedad, se aplica el mismo principio. La gravedad es una fuerza constante que actúa sobre un objeto. Se genera por la masa de la Tierra, lo que produce una atracción magnética sobre los objetos que se encuentran dentro de su alcance. Se ha comprobado que esta fuerza es constante, lo que resulta en una aceleración de 32 pies por segundo al cuadrado sobre los objetos cercanos a su superficie.

Técnicamente, la fuerza aplicada a un objeto solo produce energía cinética si el objeto comienza a moverse. En este caso, decimos que se realiza trabajo sobre el cuerpo, lo cual le confiere energía cinética. (La energía cinética es la energía debida al movimiento de un objeto).

Energía potencial

La energía potencial es la energía que posee un objeto debido a su posición. Es energía almacenada. La gravedad es una fuerza que dota a un objeto de energía potencial. Esta energía almacenada se puede liberar al soltar el objeto. La energía potencial se puede almacenar en condiciones controladas, como en un resorte de reloj o un juguete de cuerda. Bajo la gravedad, si sueltas un objeto que sostienes, caerá al suelo. También puedes saltar desde un lugar alto y la gravedad te llevará al suelo. Siempre debes recordar que, para ganar energía potencial, debes realizar un trabajo, ya sea subiendo a un lugar elevado o levantando el objeto del suelo. Para ganar energía, debes gastar una cantidad igual de energía. No se puede obtener algo a cambio de nada. Cuando sueltas el cuerpo, la energía potencial se transforma en energía cinética (debido a su movimiento). Por lo tanto, los diferentes tipos de energía son intercambiables.

Energía Eléctrica

En teoría de circuitos, la electricidad se define en términos de corriente y voltaje en una relación proporcional a la resistencia del conductor por el que circula la corriente. Si la resistencia permanece constante, como en un cable de cobre de longitud y diámetro fijos, la corriente que circula por el cable aumentará linealmente con el voltaje.

$$V = I \times R$$
$$V = Voltage$$
$$I = Current$$
$$R = Resistance$$

La resistencia, R, es constante en cualquier conductor. El voltaje o diferencia de potencial se utiliza para generar la corriente, que es un flujo de electrones.

Dado que los electrones tienen carga negativa, fluirán hacia el polo positivo, como en la batería de un coche o en cualquier otra batería. Los electrones siempre tienen carga negativa. El término conductor significa que las moléculas del material tienen electrones libres que fluyen a través del conductor cuando se establece una diferencia de potencial (voltaje). La corriente se define como el flujo de electrones. La electricidad se puede obtener mediante una reacción química, como en una batería, o mediante el movimiento de un conductor en un campo magnético, como en un generador.

Las ecuaciones derivadas de estas relaciones nunca cambian. La relación se cumple incluso en el circuito eléctrico más complejo. De no ser así, no podríamos dar el primer paso para ampliar nuestro conocimiento de la electricidad.

Tras dominar los fundamentos de la electricidad, los científicos avanzaron hacia la electrónica, utilizando tubos de vacío y, posteriormente, semiconductores. En este campo, pueden controlar las corrientes y los voltajes eléctricos y dirigirlos en la dirección deseada. También pueden amplificar con precisión las corrientes y los voltajes eléctricos mediante una onda sonora superpuesta, como en el caso de un amplificador de audio.

En electrónica, además de la resistencia básica en un circuito, existen la capacitancia, la inductancia y la impedancia, ya que se introducen capacitores e inductores en el circuito para modificar sus características, según la aplicación. La impedancia en un circuito electrónico es análoga a la resistencia en un circuito puramente eléctrico. Estos componentes tienen características únicas que hacen que el circuito sea un «circuito electrónico», con los tubos de vacío o semiconductores, a diferencia de un circuito puramente eléctrico. Aquí, los electrones del circuito se manipulan para producir una salida deseada, según la entrada dada.

Ahora utilizamos circuitos integrados para almacenar información para la inteligencia artificial (ordenadores), a la que podemos acceder en microsegundos en los circuitos adecuados.

La electricidad es el medio perfecto para la transferencia de información en circuitos que involucran inteligencia artificial, al igual que las señales eléctricas transfieren información en nuestro cerebro mediante un proceso químico. La información viaja rápidamente, a aproximadamente 1/100 de la velocidad de la luz. Nuevamente, dependemos del hecho de que las leyes que rigen el flujo de electrones o el flujo de corriente son constantes y, por lo tanto, predecibles. En todos estos cálculos, contamos con una referencia necesaria en cualquier sistema ordenado. La relación entre los tres componentes mencionados (voltaje, corriente y resistencia) debe permanecer constante.

Cuando se examina el cerebro para determinar si funciona con normalidad, se analiza la actividad de la corriente eléctrica para comprobar si se encuentra dentro de los parámetros normales. Este es uno de los parámetros que se utilizan para analizar la función cerebral.

La estabilidad del circuito es fundamental en cualquier circuito eléctrico o electrónico. Esto significa que la relación entre los componentes del circuito debe permanecer constante. De lo contrario, no podríamos predecir el resultado o, en este caso, la salida. Aquí también existen tolerancias en los valores de los componentes en un diseño de circuito particular. Cuanto más se ajuste la tolerancia de los componentes a las especificaciones de diseño, más precisa será la salida prevista.

Para que estas características permanezcan constantes, debe existir algún tipo de referencia fija. Si duplicamos este diseño en otro circuito independiente, podemos esperar duplicar con precisión la salida. En los circuitos eléctricos y electrónicos, la tensión de línea es la referencia. Esta es la tensión de alimentación principal del circuito y debe mantenerse constante. Las variaciones en la tensión de línea afectarán las relaciones en todas las demás partes del circuito. Se supone que las características de todos los componentes del circuito permanecen dentro de la tolerancia.

Solo si las leyes físicas permanecen constantes se puede garantizar dicha predictibilidad. Y siempre lo hacen. Por lo tanto, una vez adquirido, podemos basarnos en este conocimiento con confianza.

Ligero

La luz es la parte del espectro electromagnético visible al ojo humano. Solo un conjunto específico de frecuencias se encuentra en este rango. Estas frecuencias van desde el rojo, con la longitud de onda más larga, hasta el violeta, con la longitud de onda más corta, que son visibles para el ojo. El espectro visible combinado se nos presenta como luz blanca. Sin embargo, al descomponerlo, se observan siete frecuencias distintas entre el rojo y el violeta, como se aprecia a través de un prisma o en un arcoíris. Es esta separación y la infinita combinación de estos colores lo que nos permite una paleta ilimitada al observar un objeto.

La luz blanca está compuesta por frecuencias fijas dentro del espectro visible que se manifiestan como violeta, índigo, azul, verde, amarillo, naranja y rojo.

Los objetos que vemos tienen el color o los colores de la luz que reflejan. Esto garantiza que exista una única referencia (la luz), en contraposición a que cada objeto contribuya a su propio color único, independientemente de esta referencia.

El color se manifiesta únicamente en las propiedades específicas de la superficie de un objeto. La rosa roja está diseñada para reflejar la luz roja y absorber el resto del espectro. Los distintos tonos de rojo se desarrollan por la reflexión de algunas de las frecuencias adyacentes, como el naranja y el amarillo. Si el pétalo contiene blanco, significa que parte del pétalo refleja toda la luz de forma aleatoria, y esto es interpretado por el ojo como luz blanca.

El color es, por lo tanto, una propiedad de la luz y no del objeto visto. El objeto en sí no tiene color. La luz es, por consiguiente, la referencia. No existiría el color si no fuera por la existencia de la luz.

Poseemos una apreciación innata por el color, ante la cual podemos reaccionar de manera diferente según nuestros gustos individuales. Generalmente, el azul y el verde se consideran colores fríos, y el rojo y el naranja, cálidos. Por lo tanto, reaccionamos subconscientemente de esta manera cuando se nos presentan estos colores, ya sea representados en nuestro entorno o en una obra de arte.

El color, representado por tonalidades y sombras, moldea formas que comunican las características únicas de lo que vemos.

La luz transmite toda la información que necesitamos para detectar e interpretar lo que vemos. La luz en sí misma no añade ni resta información a lo que se nos comunica, sino que es consistente y veraz en sus propiedades. De esta manera, representa con precisión el entorno que nos rodea. Se utiliza como referencia o estándar en el espectro electromagnético, que usamos habitualmente como medio con nuestro sentido de la vista.

Probablemente hayas oído hablar de la radiación infrarroja y ultravioleta. Estas son, como su nombre indica, la parte del espectro electromagnético anterior a la luz roja y la parte posterior al violeta, respectivamente. El infrarrojo es una buena fuente de calor y se utiliza a menudo para curar pinturas más rápidamente y para el bronceado. El ultravioleta (luz negra) también tiene sus usos, ya que ciertos productos químicos brillan al exponerse a él y pueden identificarse fácilmente.

También es útil como desinfectante. Debido a su mayor frecuencia, penetra mejor y puede dañar la piel si se expone en exceso.

Las frecuencias de la luz dentro del espectro visible nunca cambian, por lo que tenemos una referencia fija. Si no hay luz, quedamos visualmente aislados de nuestro entorno.

Rayos X

Los rayos X, así como los rayos gamma generados por isótopos radiactivos, también forman parte del mismo espectro electromagnético del que forma parte la luz, pero estos tienen una longitud de onda más corta.

Los rayos X tienen una longitud de onda aún más corta que la ultravioleta y, por lo tanto, poseen un mayor poder de penetración, lo que les permite atravesar el cuerpo humano. La densidad del cuerpo humano varía según el tipo de tejido. Cuanto más denso es el tejido, mayor es la cantidad de rayos X que absorbe. Así es como podemos obtener una imagen del interior del cuerpo exponiendo una película sensible a la radiación X después de que esta haya atravesado el cuerpo. En la película expuesta se observarán variaciones de gris según la densidad del tejido que atraviesan los rayos X. La película radiográfica revelada muestra la estructura ósea en un tono más claro que las zonas carnosas, ya que absorbe una mayor cantidad de rayos X. Por lo tanto, es como un negativo fotográfico, donde las zonas más claras representan el tejido más denso y las oscuras, el menos denso.

Para blindar una sala de rayos X y también para aislar radioisótopos durante su almacenamiento, se utilizan recintos revestidos de plomo porque el plomo es muy denso y reduce significativamente la cantidad de radiación que se escapa.

Todos estos tipos de radiación pertenecen a la misma categoría (electromagnética), pero tienen propiedades diferentes. Nuestros ojos no pueden ver las microondas, las ondas de radio, la radiación infrarroja, ultravioleta, los rayos X ni los rayos gamma, y solo son sensibles a las frecuencias de la luz visible. La visión se limita al espectro visible, que contiene toda la información que necesitamos para disfrutar de una experiencia visual muy satisfactoria.

Crees que el proceso de evolución limitó nuestra visión a las frecuencias de luz en todo este espectro por pura casualidad? O fue algo premeditado, obra de un creador inteligente?

Las microondas son radiación electromagnética con frecuencias mayores que las del infrarrojo y también son dañinas para el tejido humano. Para protegernos, nuestros hornos microondas deben estar blindados mientras están en funcionamiento. También debemos protegernos de la exposición accidental a los rayos X mientras se generan, ya que solo podemos tener una exposición limitada sin sufrir daños a largo plazo en el cuerpo humano. Sin embargo, el espectro visible es relativamente inofensivo. Las frecuencias que necesitamos para ver son las menos dañinas. Estas se encuentran en el rango entre las ondas de radio y los rayos X. Necesitamos estar expuestos a la luz, por lo que parecería que, por diseño, estaríamos protegidos de la sobreexposición a la luz. Recordemos que las frecuencias por encima y por debajo de las frecuencias de la luz son muy dañinas para nosotros. Por qué no la luz visible?

Sonido

El sonido, al igual que la luz, puede representarse matemáticamente mediante una onda. Es de naturaleza mecánica, ya que induce vibraciones mecánicas en el medio por el que se propaga. Nuestros oídos lo detectan como sonido, aunque algunas frecuencias bajas se perciben como vibraciones. Las ondas sonoras son audibles para el oído humano entre las frecuencias aproximadas de 20 ciclos por segundo y 20.000 ciclos por segundo. El sonido viaja a unos 1.223 kilómetros por hora en el aire, por lo que es mucho más lento que la luz. Por eso, cuando vemos fuegos artificiales, vemos la explosión y hay un retardo antes de oír el sonido.

En todo este rango de frecuencias, cada una está fijada por una referencia, que es el número de ciclos por segundo. El volumen del sonido que oímos es función de la amplitud de la vibración. Esta es la distancia que recorre la onda desde la referencia en el diagrama de la forma de onda. La referencia debe estar fija para que podamos comprender lo que sucede. Normalmente se representa mediante una línea recta (como se muestra en la figura siguiente).

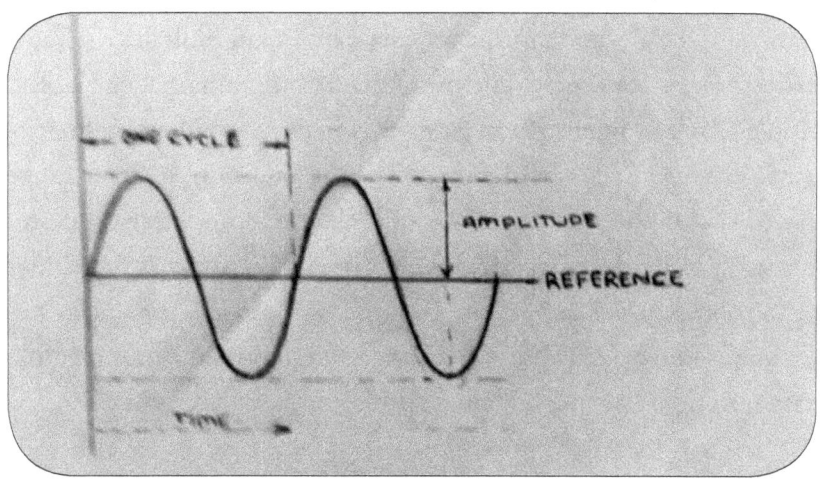

Resonancia

La resonancia se asocia con la transferencia de energía sonora (mecánica) a un objeto que vibra en sintonía con una frecuencia específica llamada frecuencia de resonancia. Esta varía de un material a otro según su estructura molecular. Al alcanzar la frecuencia de resonancia, el material comienza a vibrar de forma incontrolable e incluso podría destruirse. Lo que sucede es que, a la frecuencia de resonancia, el material comienza a vibrar con una amplitud creciente, incluso si la energía sonora que lo excita es constante. Esta frecuencia es constante para un material determinado de una longitud y grosor específicos cuando, idealmente, está restringido en los extremos. En otras palabras, se puede hacer vibrar el material a su frecuencia de resonancia si se repiten las mismas condiciones. La frecuencia de resonancia de una muestra de material dada es constante y vibrará de forma incontrolable a esa frecuencia.

Este principio tiene diversas aplicaciones en la vida real, como en una bocina, una sirena o incluso un interruptor. El cuerpo humano tiene una resonancia natural de aproximadamente siete ciclos por segundo. Al exponerse a esta frecuencia, en una magnitud óptima, uno se desorienta y siente náuseas. Esto se ha utilizado para el control de multitudes, pero se considera inhumano.

El sonido nos permite comunicarnos verbalmente, nos ayuda a orientarnos en nuestro entorno y nos proporciona placer a través de la música. Dado que cada frecuencia tiene una referencia fija (la longitud de onda), siempre obtendremos el mismo resultado si se repiten las mismas condiciones. Es consistente y predecible.

QUÍMICA

Propiedades

La materia se manifiesta en tres estados distintos: sólido, líquido y gaseoso. Las propiedades de un compuesto químico indican las características únicas de esa molécula o compuesto en particular. En condiciones ambientales fijas, estas propiedades permanecen constantes. Podemos confiar en que estas propiedades serán consistentes en cada estado. Esta es la razón por la que podemos obtener resultados consistentes en las reacciones de los diversos compuestos químicos. Sin esta consistencia, no podríamos reproducir nuestros descubrimientos en química.

Tabla periódica

Hemos descubierto que, en la naturaleza, los átomos/moléculas se manifiestan en niveles ascendentes de complejidad. La tabla periódica comienza con el átomo de hidrógeno, que consta de un protón y un electrón. Luego, al añadir otro protón y un electrón, obtenemos el helio. La serie progresa discretamente con la adición de un protón y un electrón para formar nuevos elementos. Todos estos se producen de forma natural.

Es importante que por cada protón añadido haya un electrón correspondiente para que la molécula permanezca neutra y no tenga carga positiva ni negativa. Si se añade un protón sin un electrón correspondiente, se forma un ion, que es básicamente inestable y tratará de encontrar un electrón para neutralizarse y estabilizarse.

Otra partícula que se encuentra en el núcleo de un átomo es el neutrón. Este tiene carga neutra y se cree que es una especie de pegamento que mantiene unido el núcleo, que es completamente positivo.

Valencia

Los átomos y las moléculas se combinan en cantidades discretas para formar compuestos en función de sus valencias. Las valencias son fijas, por lo que un átomo o molécula reaccionará de forma consistente con otros átomos o moléculas, según estas combinaciones discretas. Bajo las condiciones adecuadas, podemos sintetizar compuestos químicos con éxito repetido al comprender las condiciones necesarias para estas reacciones. La valencia es una propiedad que resulta en la neutralización de los dos átomos o moléculas que reaccionan, lo cual está en consonancia con el principio natural de mantener la estabilidad. Las valencias suelen tener valores representados por números enteros, como 1, 2 y 3.

Pero, incluso con las proporciones de valencia adecuadas, la reacción no se producirá a menos que se cumplan las condiciones apropiadas. Estas son condiciones fijas que deben cumplirse en todos los casos. Dichas condiciones incluyen temperatura, presión y ambiente. El ambiente podría referirse a la introducción de un catalizador.

Cuando cocinamos, utilizamos condiciones y proporciones fijas para preparar recetas de comida, aunque solo estemos mezclando compuestos y puede que no los estemos modificando químicamente.

Todos los átomos/moléculas reaccionan de acuerdo con sus valencias para formar los compuestos que existen hoy en día. Utilizamos estos principios conocidos para desarrollar nuevos compuestos y podemos replicar las reacciones químicas de forma consistente.

Esto se debe a que las reacciones químicas siguen leyes fijas que nunca cambian. Dependemos de esta constancia y de nuestra capacidad para comprender y reproducir las condiciones necesarias para la síntesis de los compuestos que hemos formulado y seguimos formulando.

En orden secuencial se encuentran todos los elementos conocidos. En los niveles inferiores de la tabla periódica, el núcleo de estos elementos es estable, pero a medida que el núcleo aumenta de tamaño, la inestabilidad también aumenta y, finalmente, se vuelven inestables o radiactivos. Esto significa que se desintegrarán espontáneamente.

Los átomos y las moléculas, en combinaciones específicas, producen los diversos compuestos que forman la Tierra y de los que estamos hechos. En los organismos vivos, el carbono es la base, y a este grupo se le denomina compuestos orgánicos.

Partiendo de los elementos que componen los seres vivos y los elementos inertes que nos rodean, existe una coherencia que se repite en toda la naturaleza. Por lo tanto, podemos concluir que la materia está compuesta de los mismos elementos básicos que existen en orden secuencial y forman todos los compuestos. Esto indica que los componentes básicos del universo son coherentes, secuenciales y ordenados. Existe, pues, orden incluso en lo que a primera vista parece aleatorio.

Los átomos y las moléculas se combinan para formar los compuestos que son las materias primas que utilizamos en la fabricación. En química, aprendemos a modificar o cambiar estos compuestos mediante reacciones químicas para formar nuevos compuestos con nuevas propiedades que consideramos útiles para mejorar nuestra calidad de vida, o al menos eso creemos.

Estas partículas de materia y su capacidad para combinarse se rigen por leyes específicas que deben cumplirse para que se produzcan estos cambios o reacciones. En las mismas condiciones, podemos repetir estas reacciones para obtener los mismos productos finales una y otra vez.

Radioactividad

En la parte superior de la tabla periódica, el núcleo del átomo/molécula comienza a volverse inestable, con lo cual la molécula también se vuelve inestable, en el umbral donde los isótopos radiactivos comienzan a formarse de manera consistente. Algunos de estos son elementos altamente inestables que generan niveles dañinos de energía radiactiva (radiación gamma) en su estado natural. Si bien los isótopos radiactivos se han utilizado en medicina para tratar el cáncer, son intrínsecamente letales para el tejido vivo y deben usarse con sumo cuidado.

La fisión o descomposición de algunos isótopos libera un calor intenso que puede utilizarse para calentar agua y generar vapor para accionar turbinas, generar electricidad y alimentar motores.

Existen isótopos naturales y artificiales, y tienen usos específicos según sus propiedades individuales. Cabe mencionar que solo ciertos elementos son radiactivos de forma natural y mantienen sus propiedades individuales.

Leyes de la naturaleza

No es importante que comprendas las matemáticas de estas leyes, ya que este ejercicio solo pretende demostrar que nunca cambian. Para quienes no encuentren esto «atractivo», la única conclusión debería ser que todas las leyes que rigen las cosas materiales son consistentes y predecibles. No podemos cambiar estas leyes.

Es la coherencia inherente de las leyes de la naturaleza la que garantiza que todo lo que incorpora materia debe ajustarse a ellas y seguir un proceso ordenado, regido por estas leyes, para crear y desarrollar cualquier sistema ordenado. La aleatoriedad es incompatible con dicho proceso. El propósito es crear orden, lo cual solo puede ser producto de un diseñador inteligente. Por lo tanto, la evolución, tal como la definimos, no puede ser la manifestación de un proceso ordenado, puesto que, según nuestra definición, el proceso de evolución no es ordenado, sino aleatorio.

Si los procesos vitales fueran aleatorios, no existiría la interconexión e interdependencia que observamos actualmente. Todos estamos conectados entre nosotros y con todo en el universo, dado que podemos interactuar entre nosotros y con nuestro entorno.

FÍSICA

Gravedad

Estamos seguros de que al soltar un objeto, este caerá al suelo. Si analizamos esto con más detalle, observamos que el objeto acelerará, cayendo a una velocidad de treinta y dos pies por segundo al cuadrado (32 pies/seg./seg.). Esta aceleración es constante bajo la acción de la gravedad. El tamaño, el peso y la densidad del objeto son algunas de las variables. Sin embargo, todos los objetos acelerarán a la misma velocidad si no existen otras variables que los afecten, como la resistencia del aire u otra influencia externa. La densidad, el tamaño y el peso del objeto no influyen en este cálculo.

Una pluma flotará lentamente hacia abajo debido a la resistencia del aire y una piedra caerá rápidamente. Sin embargo, si elimináramos la resistencia del aire colocando ambos objetos en el vacío y los soltáramos simultáneamente, la pluma y la piedra caerían con la misma aceleración y tocarían el suelo al mismo tiempo.

Este experimento demuestra que la fuerza de gravedad es constante dentro del entorno en el que vivimos y tiene el mismo efecto sobre toda la materia. Sin embargo, en el espacio exterior, la fuerza gravitatoria disminuye hasta volverse tan pequeña que los objetos flotan.

Se ha descubierto que la atracción debida a la gravedad varía inversamente con el cuadrado de la distancia a la Tierra. Cuando estamos cerca de la Tierra, la fuerza de gravedad puede considerarse constante y máxima, pero disminuye exponencialmente a medida que nos alejamos de la superficie terrestre y nos adentramos en el espacio.

Existen muchos atributos de nuestro universo que siguen la ley del inverso del cuadrado, por lo que podemos utilizar este principio en la formulación de las ecuaciones matemáticas pertinentes.

Ejemplos de esto son la intensidad de un campo magnético a medida que nos alejamos del imán o la fuente eléctrica que lo genera. Esto también se aplica a la radiación electromagnética, como la luz y los rayos X, a medida que nos alejamos de la fuente. Esto significa que la intensidad disminuye exponencialmente, en proporción al inverso del cuadrado de la distancia a la fuente.

La ecuación que aparece a continuación demuestra este principio. En matemáticas, inverso significa 1/(el valor en cuestión). En otras palabras, 1 dividido por el valor. En este caso, se trata del cuadrado de la distancia 'd'.

1/ (d x d) donde 'd' es la distancia desde la Fuente

A medida que aumenta la distancia (d), la magnitud de la fuerza comienza a disminuir exponencialmente. Si la distancia es 0 pies, el valor será el máximo que jamás alcanzará. Si medimos este valor a 10 pies de la fuente y la fuerza es F, cuando estemos a 20 pies de la fuente, que es el doble de la distancia, el valor será 1/4 x F, o 1/4 del valor que tenía a 10 pies. De igual manera, a 30 pies el valor será 1/9 x F. Lo que estamos haciendo es elevar al cuadrado el valor de la distancia, lo que resulta en una disminución exponencial.

En lo que respecta a la fuerza gravitacional de la Tierra, la ecuación es: la constante gravitacional G multiplicada por la masa de la Tierra (M) multiplicada por la masa del objeto (m), dividido por la distancia entre el centro de la Tierra y el centro del objeto (r), elevado al cuadrado. La constante gravitacional G no cambia, ni tampoco la masa de la Tierra.

Force = GmM/r x r

Dado que el radio de la Tierra es tan grande comparado con cualquier objeto en su superficie, r x r no comenzará a cambiar significativamente hasta que la distancia del objeto a la superficie de la Tierra sea del orden de millas.

r = la distancia entre el centro de la Tierra y el objeto. Esto sería entonces el radio de la Tierra más la distancia del centro del objeto a la superficie terrestre.

Esta ecuación se desarrolló a partir de trabajo experimental realizado en el campo de la física y se comprobó su consistencia.

Esto también puede demostrarse matemáticamente, ya que la fuerza se irradia en todas direcciones y la intensidad disminuye con el cuadrado de la distancia a la fuente. Una vez más, esto demuestra que la naturaleza presenta consistencia y predictibilidad.

La ley del inverso del cuadrado demuestra que, cerca de la fuente, el efecto de la fuerza es máximo, pero a medida que aumenta la distancia desde la fuente, en cierto punto, el efecto comienza a disminuir rápidamente. Este principio mantiene la fuerza con su máximo efecto donde está diseñada para influir y con un efecto relativamente nulo a grandes distancias del origen.

En los casos en que la fuerza está diseñada para tener un efecto significativo a grandes distancias, su magnitud es exponencialmente grande. El Sol, al ser un objeto masivo, posee una gran fuerza gravitacional, suficiente para mantener a los planetas de nuestro sistema solar en órbita a su alrededor. Sin embargo, no tiene efecto alguno sobre los planetas de otros sistemas solares. La Tierra solo tiene efecto sobre los objetos que se encuentran dentro de su campo gravitacional. Los objetos cercanos a la Tierra son atraídos y permanecen en su superficie.

La luna orbita alrededor de la tierra y mantiene esta órbita porque existe un equilibrio perfecto entre la atracción gravitatoria de la tierra y la fuerza centrífuga igual y opuesta de la luna en órbita.

En la naturaleza, donde existe una ley, no hay excepciones. Estas leyes se han desarrollado a partir de la observación minuciosa en condiciones controladas en experimentos realizados por científicos. Por lo tanto, podemos aprovechar estos datos y ampliar nuestro conocimiento de nuestro planeta y del universo.

El propósito de este ejercicio es mostrarles que el universo sigue leyes estrictas que no cambian y que no existen excepciones a estas leyes. Esto me indica que el universo es un sistema ordenado y que no pudo haber surgido de un evento aleatorio, sino de uno que fue planeado y luego ejecutado cuidadosamente.

Las leyes, al ser constantes, indican que tienen referencias fijas. Si observas la naturaleza, verás que las cosas solo permanecen constantes cuando tienen referencias fijas. De lo contrario, hay inestabilidad y caos. El ciclo de nuestro día es de 24 horas. Esto no cambia porque la Tierra tarda 24 horas en completar una rotación. Dado que esto permanece constante, podemos usarlo como referencia para el tiempo. La Tierra también tarda un año en orbitar el Sol, y esto también permanece constante.

Aquí hay otros ejemplos de leyes que rigen la materia:

La Materia no Puede Ser Creada ni Destruida

La materia se define como todo aquello que ocupa espacio. Cuando se dice que la materia no se crea ni se destruye, significa que la cantidad de materia que siempre ha existido en el universo, desde la creación, es la misma y nunca cambiará. Sin embargo, puede transformarse de una forma a otra, como en los estados sólido, líquido, gaseoso y mediante fisión o fusión nuclear. En el caso de una reacción nuclear, se libera energía cuando el núcleo se desintegra o los núcleos se combinan, pero la cantidad total de materia y energía permanece constante en todos los casos.

En lo que respecta a la 'vida', hubo una sola creación, pero la vida es autosostenible o se perpetúa a través del proceso de reproducción, manifestándose en forma de materia viviente.

FÍSICA

Termodinámica-Refrigeración

Los físicos han descubierto que un líquido debe absorber calor de su entorno para pasar de estado líquido a gaseoso. Esto se denomina calor latente de vaporización. Durante esta transformación, la temperatura del líquido no cambia. Toda la energía calorífica se utiliza para llevar a cabo la transformación.

También se sabe que, si comprimimos ciertos gases, se convierten en líquido a temperatura ambiente. Estos son los refrigerantes típicos. Ahora bien, si se libera la presión, forzando el refrigerante líquido a un espacio o volumen mayor, volverá a su estado gaseoso al disminuir repentinamente la presión (hierve). Al hacerlo, debe absorber calor para realizar esta transformación. El ambiente en el que se produce esta transformación se enfría como resultado del calor absorbido por el refrigerante para la misma. Este sería el espacio dentro de su refrigerador, o el interior del edificio en el caso de la unidad de aire acondicionado. El refrigerante en evaporación pasa a través de serpentines metálicos sobre los cuales un ventilador impulsa aire. El aire se enfría entonces por el refrigerante en evaporación en los serpentines y se utiliza para enfriar el espacio.

La ley natural que rige la evaporación de un líquido debe cumplirse, y por lo tanto, el calor necesario para transformar el líquido en gas debe obtenerse de algún lugar, en este caso, del ambiente.

Utilizando este principio, fabricamos aires acondicionados, refrigeradores y cualquier electrodoméstico diseñado para enfriar. La ley es fija, por lo que sabemos que obtendremos el mismo resultado siempre.

Los refrigerantes poseen propiedades inherentes que los hacen idóneos para dichas aplicaciones.

Las características anteriores son constantes para cualquier sistema dado, por lo que podemos duplicar cualquier sistema siempre que sigamos estos principios. De nuevo, esto demuestra la coherencia de las leyes que rigen la materia.

Acción y Reacción son Iguales y Opuestas

Esta es una de las leyes de Sir Isaac Newton. Significa que si aplicamos una fuerza a un cuerpo, este reacciona con una fuerza igual y opuesta.

Utilizamos este concepto básico para representar los sistemas dinámicos que replicamos habitualmente en nuestras invenciones. Un ejemplo de ello es un motor a reacción o un motor cohete. En el motor a reacción, el aire se aspira, se comprime, se expande y luego se expulsa por la parte trasera. La succión inicial (acción) del aire produce una fuerza de avance (reacción) sobre el avión, que se ve reforzada por el empuje ejercido por el aire comprimido y caliente que se expulsa por la parte trasera. En el caso del motor cohete, la combustión del combustible que se expulsa (acción) crea una fuerza reactiva que impulsa el cohete hacia arriba.

Estas leyes inmutables parecen indicar que se originaron a partir de una fuente ordenada, en contraposición a una fuente aleatoria.

Electromagnetismo

El electromagnetismo implica una relación entre la electricidad y el magnetismo. Aunque se manifiestan de forma diferente y representan distintas formas de energía, son intercambiables. Un generador eléctrico demuestra este principio.

Si un conductor eléctrico se coloca en un campo magnético y se mueve dentro de este, se generará una corriente eléctrica en el conductor. Recíprocamente, si se hace circular una corriente eléctrica a través de un conductor, se genera un campo magnético. Un generador produce una corriente eléctrica haciendo girar un conductor (bobina) en un campo magnético. El conductor se enrolla para maximizar el efecto, ya que, a efectos prácticos, se trata de múltiples conductores. El efecto es aditivo.

Los rayos X, un tipo de radiación electromagnética, se generan mediante electricidad de alto voltaje en un tubo de vacío, que acelera los electrones con suficiente energía para generar rayos X cuando colisionan con un blanco metálico fijo.

Al igual que la luz, también son fotones y forman parte del espectro electromagnético. La luz es la parte del espectro con la que estamos más familiarizados. Los rayos X tienen un rango de frecuencia fijo (más corto que el de la luz) y se definen por su rango de frecuencia. El espectro electromagnético abarca desde las ondas de radio, con la longitud de onda más larga, hasta los rayos gamma, con la longitud de onda más corta.

QUÍMICA

Ley de Los Gases Ideales/Ley de Boyle

La ley de los gases ideales nos permite desarrollar una relación matemática entre la temperatura, el volumen y la presión en un sistema gaseoso aislado. Este principio se utiliza para desarrollar la ecuación P x V/T = K, donde V es una constante. Los símbolos representan la presión, el volumen y la temperatura. En la ecuación siguiente, el subíndice (1) representa las condiciones iniciales y el subíndice (2), las condiciones finales.

Dado que $P \times V/T = K$, donde K es constante, entonces se deduce que $P_1 \times V_1/T_1 = P_2 \times V_2/T_2$

Si mantenemos constante una de estas variables, podemos definir la relación de las otras dos en las ecuaciones que se muestran a continuación:

Manteniendo V constante: P1/T1 = P2/T2, puesto que V1 = V2, entonces P2 = P1 x T2/T1

Manteniendo P constante: V1/T1 = V2/T2, puesto que P1 = P2, entonces V2 = V1 × T2/T1

Manteniendo T constante: P1 x V1 = P2 x V2, ya que T1 = T2, entonces P2 = P1 x V1/V2

Podemos despejar cualquiera de las variables en la fórmula, de modo que si conocemos el valor de tres de ellas, podemos calcular la cuarta.

Si aumentamos la temperatura en un sistema aislado (manteniendo V constante), para que esta relación se cumpla, la presión también debe aumentar proporcionalmente. Esto se ha comprobado experimentalmente y verifica la relación única entre estos elementos en un sistema aislado.

Como se indicó anteriormente, el subíndice (1) representa los valores iniciales de los elementos de la ecuación y el subíndice (2) representa los valores finales. Esto significa que, dentro de un sistema aislado dado, si cambiamos uno de los parámetros, por ejemplo la temperatura, manteniendo el volumen constante, la presión cambiará proporcionalmente. Si la temperatura aumenta, la presión aumentará proporcionalmente.

Al disminuir la temperatura, la presión disminuirá proporcionalmente. En un sistema aislado, esta relación debe permanecer constante. Una de las variables se fija normalmente, en este caso el volumen, para simplificar el cálculo.

$$(V1 = V2)$$

Este es el principio básico utilizado para diseñar una olla a presión. La tapa se fija a la olla para que el volumen permanezca constante. Cuando colocamos la olla a presión sobre la estufa y encendemos el fuego, la temperatura del contenido comienza a aumentar. Dado que el volumen es constante, la presión aumentará proporcionalmente y seguirá aumentando a medida que aumente la temperatura. La olla está equipada con una válvula de seguridad para evitar que explote por sobrepresión. P1 sería la presión inicial, que sería la atmosférica. T1 sería la temperatura ambiente. T2 sería la temperatura final, alcanzada dentro de la olla desde el fuego de la estufa. Dado que el volumen es constante y conocido, el valor de P2 se puede calcular, ya que sería la única incógnita.

Este principio también se utiliza para determinar la potencia potencial de un motor de combustión interna. El volumen del cilindro permanece constante. El volumen por encima del pistón, sin embargo, varía de un mínimo a un máximo, a medida que el pistón se mueve alternativamente. El volumen utilizado en el cálculo sería el volumen mínimo en el punto muerto superior en el momento de la ignición (este volumen es constante).

Con el volumen al mínimo, en el punto muerto superior, se produce la ignición del combustible. Este volumen mínimo es constante y depende del tamaño del cilindro. La ignición provoca un rápido aumento de la presión sobre el pistón debido al repentino aumento de temperatura, lo que resulta en una rápida expansión de la mezcla aire/combustible en su interior. El pistón es forzado hacia abajo, y esta fuerza se transmite al cigüeñal, provocando su rotación. El ciclo se repite, lo que da como resultado la rotación continua del cigüeñal.

Si la temperatura aumenta en un espacio confinado, la presión aumentará, según esta ley. En el momento de la ignición, el volumen es mínimo. Cuanto mayor sea la temperatura de la explosión, mayor será la presión o fuerza de giro sobre el cigüeñal.

En física, la presión se define como la fuerza por unidad de área y la fuerza es la masa multiplicada por la aceleración. A mayor diámetro del cilindro, mayor es la fuerza potencial. Esta fuerza se multiplica por el número de cilindros y se hace continua con los ciclos continuos del sistema de encendido del motor. El motor se convierte, por lo tanto, en la fuerza motriz del vehículo.

$P = F/\text{área}$, $F = P \times \text{área}$, donde P = presión y F = fuerza.

Esta relación indica que cuanto mayor sea el cilindro o el área, mayor será la fuerza potencial.

Consistencia de Las Leyes

Dependemos de que las leyes anteriores se mantengan vigentes. Estas leyes son las referencias fijas sobre las que se basa todo nuestro conocimiento científico. Una referencia fija indica que existe un control continuo y consistente sobre los elementos de la materia. Esto implica orden, y el orden implica inteligencia.

Para intentar deducir dónde comenzó el universo, solo Podemos utilizar las herramientas y el conocimiento que tenemos a nuestra disposición. En otras palabras, estudiar la dinámica del universo y buscar patrones en sus características que nos den pistas sobre su origen.

Estas leyes son solo un ejemplo de la coherencia con la que opera la naturaleza. Dependemos de estas coherencias como referencias en todo lo científico. Si cambiaran continuamente, no podrían usarse como referencias. No podríamos progresar en la ciencia.

Las leyes de la naturaleza están diseñadas para tener un efecto de ordenación específico sobre la materia, por lo que existe una relación entre ellas que, combinadas, mantiene el orden en el universo.

Umbrales de la Materia

Los umbrales marcan el final de una fase y el comienzo de otra. Un cambio drástico en las propiedades de la materia. En lo que respecta a las leyes de la materia, estas siguen vigentes, pero la materia adquiere nuevas propiedades que se mantendrán constantes por encima del nuevo umbral, en la nueva fase.

Los umbrales se manifiestan en los puntos de congelación y ebullición de las moléculas. El ejemplo más familiar es el del agua al transformarse de hielo a agua y de agua a vapor. El hielo tiene propiedades distintas a las del agua, y el agua tiene propiedades distintas a las del vapor.

Es una característica de las moléculas de todos los compuestos y es función de la temperatura, el volumen y la presión.

En cualquier condición dada, hemos encontrado que estas variables guardan una relación constante. Las variaciones en las condiciones ambientales solo modifican el umbral (temperatura/presión) en el que se producen estos cambios.

Un ejemplo de esto es el cambio de estado del agua, de líquido a gas, a su punto de ebullición de 100 grados centígrados, a una presión de 14,6 libras por pulgada cuadrada (presión atmosférica). A esta presión se la denomina presión normal, al nivel del mar. Sin embargo, si ascendemos a las montañas, donde la presión atmosférica es menor, el punto de ebullición es inferior a 100 grados centígrados porque hay menos presión atmosférica que impida que el agua hierva.

En cada uno de los tres estados, sólido, líquido y gaseoso, las moléculas presentan propiedades completamente diferentes, pero dentro de cada estado, las propiedades son consistentes y predecibles. Todo esto contribuye a la diversidad de la naturaleza, pero muestra una consistencia general dentro de los límites de las leyes que la rigen.

Otro ejemplo de esto es el umbral en el que se produce una reacción nuclear en cadena, como en una bomba atómica. Por debajo de este umbral nuclear, las moléculas de los compuestos radiactivos son relativamente estables, pero siguen siendo altamente radiactivas. Sin embargo, una vez alcanzado el umbral, comienza una reacción en cadena que resulta en fisión nuclear con una liberación exponencial de energía hasta que la reacción se completa. Para iniciar la reacción en cadena, se necesita un detonador que debe activarse para que los átomos radiactivos alcancen este umbral. Podemos controlar la activación controlando el detonador. Los átomos radiactivos que reaccionan también deben tener un umbral mínimo de pureza para que la reacción sea exitosa. Una vez alcanzados los umbrales nucleares, se producirá una reacción en cadena tras la detonación.

RESUMEN

Los ejemplos anteriores son solo algunos de los más populares sobre las aplicaciones básicas de la 'consistencia' en relación con los sistemas ordenados. Se aplica a todos los aspectos de nuestra vida consciente e inconsciente, que no serían posibles sin estas verdades. Este orden es lo que nos conecta entre nosotros y con el universo. De lo contrario, estaríamos desconectados e incapaces de interactuar entre nosotros y con el resto del mundo. De hecho, no seríamos conscientes de nuestra existencia si no fuera por el hecho de que existe una referencia fija desde la cual todo emana y que nos conecta a todos.

La inteligencia desempeña el papel más importante. Nos permite conectar incrementos de conocimiento y conciencia para formar patrones que luego utilizamos para comprender que existimos y formamos parte de una existencia mayor. Esta inteligencia y conocimiento también pueden ser utilizados por nosotros para iniciar cambios en nuestro entorno.

Cuando observamos la naturaleza y vemos la abundancia de vida compatible en un lugar, parecería razonable concluir que está diseñada. Tal orden no puede lograrse al azar.

Muchos de nosotros creemos ser muy inteligentes, haciendo descubrimientos e invenciones; deberíamos detenernos un momento y ser humildes. No podemos crear nada nuevo, en el sentido absoluto. Este conocimiento ya existía en otro plano. Solo ahora se comparte con ustedes. Los benditos son simplemente el medio a través del cual se transmiten estas reevaluaciones. Todo ya existe en otro plano, aunque aún no lo sepamos.

Ahora les compartiré mi experiencia de conversión e intentaré describir a Dios tal como se describe y se revela a nosotros en la Santa Biblia. También analizaremos lo que ha revelado acerca de la creación. Creo que descubrirán que la creación, tal como la observamos en cada detalle, es exactamente como él la describe. Esto demuestra una estrecha conexión entre Dios y la estructura de la creación, de tal manera que no deja lugar a dudas de que él es el creador.

Mi Conversión

Desde muy temprana edad, comencé a preguntarme sobre la creación y la evolución, sobre cuál era la verdad. Pensaba que podría haber un creador, pero me parecía muy lejano e inalcanzable. Cómo surgió todo esto? 0Cómo llegué a estar aquí? No tuve nada que ver, y eso era obvio. Podía ver, oír, tocar, oler y saborear; los sentidos que me hacían plenamente consciente de mi ser y mi existencia. Esta fue la razón por la que me interesé tanto en la ciencia y, en particular, en la física, que describe las características físicas del universo y las leyes que rigen la materia.

Siempre había creído que la evolución era la forma en que los seres vivos cambian de una forma a otra más avanzada, aunque había algunas cosas que no podían explicarse mediante ella.

Tenía 51 años y trabajaba para una compañía de seguros como consultor de control de riesgos. Aunque no era mi pasión, agradecía tener un trabajo que me permitiera pagar las facturas y mantener a mi familia.

Era el 18 de enero de 1999, lunes por la mañana. Fui al centro de Phoenix, Arizona, para revisar las operaciones en una de las propiedades de nuestros clientes. Se trataba de una inspección de rutina en la que informaría al propietario sobre mis hallazgos y recomendaciones tras la visita.

Era un edificio alto y probablemente tardaría unas dos horas en completarlo. Mientras revisaba la documentación y realizaba una inspección física, mi contacto sacó a relucir el tema de Dios. ¡No me interesaba! Escuché y respondí a las preguntas con cortesía, pero, en realidad, estaba deseando terminar la tarea e irme, ya que algunas de sus preguntas y comentarios me incomodaban.

Hacia el final de la visita, estábamos en el vestíbulo, ya que había terminado la encuesta y estaba a punto de irme. Entonces, dijo algo que me llamó la atención. Dijo: 'Creo que estás cerca', refiriéndose a estar cerca de comprender y creer en Dios. En mi opinión, eso estaba muy lejos de la verdad. Luego dijo: 'Todo lo que tienes que hacer es humillarte ante él y pedirle perdón, y él te perdonará y se revelará a ti'. No tenía ni idea de lo que eso significaba, pero me dije que no estaría mal intentar lo que decía si había tanto que ganar, según lo que me había estado diciendo.

Entonces aparté la mirada y, para mis adentros, dije: 'Si estás ahí, por favor, enséñame a vivir mi vida'. Lo dije con sinceridad, pero no esperaba respuesta.

Luego fui a mi coche en el garaje contiguo y, por alguna razón, sintonicé la emisora de radio cristiana que me había mencionado. También me había dado la dirección de la iglesia a la que asistía, pero no tenía ninguna intención de ir.

Durante el resto de la semana seguí sintonizando la emisora cristiana sin darme cuenta de que estaba ignorando mi emisora popular favorita. No le di importancia, pero, además de escuchar esta emisora, comencé a apreciar más la naturaleza. Si antes creía en la evolución, ahora creía en la creación. Yo no hice este cambio, ¡surgió para mí! Empezó a asustarme cuando me di cuenta de que algo me estaba cambiando, yo no lo provocaba y no tenía control sobre ello.

Ni siquiera recordaba haber orado pidiendo guía, pero al repasar las actividades de la semana, recordé mi interacción con mi contacto ese lunes por la mañana y la oración que le dirigí a un Dios que no conocía.

Fue entonces cuando me di cuenta de que mi oración estaba siendo respondida.

Una experiencia verdaderamente sobrenatural ocurrió el domingo siguiente por la mañana, cuando estaba en la cama a punto de dormir un poco más, como siempre hacía los domingos. Empecé a sentirme muy inquieto, pero seguí intentando dormirme para echar una última siesta. Tuve la sensación de que algo o alguien se comunicaba conmigo, repitiendo: 'Deberías ir a esta iglesia'. No era en inglés, mi único idioma, pero estaba claro lo que se esperaba de mí. Sin embargo, seguí resistiéndome. La sensación se hizo tan intensa que supe que tenía que ir a esa iglesia. Sabía que no tenía otra opción y que si desobedecía, me arrepentiría el resto de mi vida.

No había ido a la iglesia con regularidad durante varios años, pero hoy tenía que ir porque alguna fuerza, ahora dentro de mí y mucho más poderosa, quería esto de mí.

Me levanté de la cama y le dije a mi esposa que iba a la iglesia. Me miró sorprendida y me preguntó: "Estás enfermo?". Le dije: "No, solo tengo que ir".

Luego llamé a la iglesia usando la información de la invitación que me había dado mi contacto para saber la hora del servicio y me preparé para irme. Subí a mi camioneta y emprendí el camino a la iglesia. No tenía idea de qué esperar, pero sentí algo especial mientras conducía. Sentí una paz y una alegría que me dibujaron una sonrisa en el rostro. No recuerdo de qué trató el sermón ese día, pero sí supe que volvería todos los domingos.

Esto fue hace 20 años y sigo asistiendo regularmente a esta iglesia; ahora soy miembro confirmado.

Los días y semanas posteriores a mi conversión los dediqué a intentar comprender lo que me estaba sucediendo. Me despertaba por las noches pensando que todo era un sueño, pero luego me daba cuenta de que todo era real y que estaba siendo influenciado por una fuente ajena a mí.

Ahora miraba una hoja y veía una nueva belleza y complejidad, y pensaba: 'Tú creaste esto!'. Miraba a un bebé y pensaba lo mismo.

Ahora sentía una profunda admiración por la creación y por el hecho de ser parte de esta gran obra y tener un propósito en esta vida.

Me creerías si te dijera que aún necesitaba más confirmación de que Dios realmente existía y se comunicaba conmigo? Toda la experiencia seguía siendo irreal, pero cada vez que cuestionaba su realidad, él me demostraba que lo que estaba experimentando era real.

Cada vez que me enfrentaba a su respuesta a lo que estaba experimentando, me sentía tan abrumada que me echaba a llorar.

Era Pascua y el centro de atención en el mundo cristiano es la crucifixión, cuando Jesús murió en la cruz por nuestros pecados. Iba camino a una farmacia Walgreens a recoger una receta y escuchaba la radio a un pastor que describía los acontecimientos en la cruz, en el momento en que Jesús estaba siendo crucificado. Cuando llegó a la parte en que Jesús estaba muriendo y dijo: 'Padre, perdónalos, porque no saben lo que hacen', la escena fue tan vívida para mí que rompí a llorar y pregunté: 'Por qué te hacen esto?'. Para entonces, ya estaba sentado en el coche en el aparcamiento, así que tuve que esperar varios minutos para recomponerme antes de entrar en la farmacia.

Desde aquella experiencia, jamás he dudado de Dios. Ahora creo en él plenamente.

Desde mi conversión, nunca me he sentido solo. Siempre soy consciente de su presencia en mí. Es una sensación muy reconfortante, una sensación que todos deberían experimentar. Es una sensación de paz.

Cuando describí mi experiencia a las personas que conocí, al principio pensé que se convertirían en creyentes de inmediato. Para mi sorpresa, no fue así. En algunos casos, me miraron con cara de asombro. En otros, pude ver que intentaban comprender, pero no lograban apreciar del todo lo que intentaba decirles. Sin embargo, quienes ya eran creyentes lo entendieron de inmediato.

Algo revelador es que, en retrospectiva, parece que me estaban preparando para la conversión. Ahora sé que Dios primero te humilla y no hay duda de que lo hizo conmigo antes de mi conversión. Hubo crisis en mi vida para las que no tenía ni idea de cómo lidiar ni cómo superarlas.

Pensamientos Finales Sobre la Conversión

Tras la conversión, una de las cosas que empieza a suceder es que se inicia una batalla interna entre tu antiguo yo y el nuevo. Comienza un proceso de transformación. Instintivamente quieres mantener el control de tu vida. Pero entonces empiezas a ver tus defectos con mayor claridad y te das cuenta de que aún te queda un largo camino por recorrer para ser ese ser humano perfecto.

Te vuelves mucho más consciente de ti mismo, de tus defectos y de cómo ahora necesitas actuar como un nuevo ser humano, en Dios. Esto implica cambios de carácter que ahora debes realizar conscientemente en tu nueva vida. Recibes un nuevo corazón. Tu conciencia se renueva. Quieres ser una buena persona y a veces no lo logras, pero conoces el camino que ahora debes recorrer. Vuelves a ese camino angosto y difícil y sigues adelante.

Al considerar la alternativa, recuerdas que esto es algo que debes hacer incluso hasta la muerte. No tienes otra opción. En quién más puedes apoyarte y confiar plenamente en cualquier situación? Solo en Dios.

INTRODUCCIÓN A LA DIVINIDAD

HEMOS ANALIZADO EJEMPLOS de los componentes necesarios para crear y mantener un sistema ordenado. Los componentes clave son la inteligencia y una referencia fija a partir de la cual construir dicho sistema. También necesitamos conocimiento, pero, en nuestro caso, este se desarrolla con el tiempo a medida que observamos, investigamos y estudiamos el funcionamiento del planeta que llamamos hogar.

El conocimiento se adquiere ahora a un ritmo exponencial. Estamos mejorando en todo lo que hacemos, aprendiendo a controlar nuestro entorno para disfrutar de una mejor calidad de vida.

Estos componentes clave y críticos del orden debieron existir antes de que llegáramos a existir, ya que no tuvimos ninguna relación con el orden que ya existía en el universo. La única explicación es que la inteligencia existía antes de que el universo existiera y es responsable de iniciar y desarrollar lo que somos y vemos hoy. Afirmo esto porque el universo es un sistema ordenado y, por lo tanto, su origen también debió haber sido ordenado.

Así pues, existió la inteligencia. Dado que no estábamos presentes, no podemos probar cómo se originaron la vida y el universo. Sin embargo, se nos dieron indicios, escritos en lo que llamamos la 'SANTA BIBLIA'. Ahora podemos comparar lo que vemos a nuestro alrededor con lo que se dice en la Biblia acerca de Dios y la creación, para comprobar si son coherentes.

Dios nos dice que uno de sus atributos es que no cambia. Él también dice que creó el universo y todo lo que hay en él. Esto último requeriría una inteligencia infinita. Así pues, ahora tenemos una fuente inteligente y una referencia fija, los componentes esenciales necesarios para crear un sistema ordenado. El sistema ordenado es el universo y la vida tal como la conocemos.

También nos dice que nos hizo a su imagen y semejanza. Nos dio inteligencia y, al hacerlo, la capacidad de crear. Todo lo que necesitamos es tener una idea, establecer una referencia y empezar a crear. Vemos que poseemos estos atributos, la capacidad de crear, utilizando el material que tenemos a nuestra disposición.

Cuando examinamos la evidencia observando lo que vemos hoy y el orden que lo rige todo, no existe otra explicación racional. Su huella está presente en todo el universo. La referencia inmutable y la inteligencia infinita se reflejan en todos los sistemas ordenados que observamos hoy. Todo lo que creamos y cada acto positivo que realizamos poseen estos componentes básicos.

No tenemos la capacidad de encontrar a Dios, y Él solo nos revela lo que desea. Pero lo cierto es que Él nos ha revelado todo lo que necesitamos saber en la Santa Biblia.

Dios nos dio una ventaja inicial en el aspecto creativo de nuestros atributos al darnos todas las materias primas que necesitamos: todos esos átomos y moléculas dispuestos en una tabla periódica ordenada. Él también estableció las leyes a las que toda la materia debe ajustarse y mantener un control constante.

Ahora, analizaremos más de cerca cómo Dios se describe a sí mismo y cómo esto se refleja en todo lo que vemos en el universo.

Dios el Padre

Crees en Dios? ¿Crees que hay una fuente 'allá arriba' que dirige lo que sucede en este mundo o piensas que simplemente sucede al azar? Es ese mismo Dios que creó el universo y todo lo que hay en él, incluida la vida?

Probablemente exista alguna razón para tener cualquiera de estas creencias. Sin embargo, si lo piensas bien, deberías llegar a una conclusión lógica sobre lo que realmente crees que es 'verdadero'.

Analicemos esto objetivamente y veamos si podemos revisarlo juntos. Teniendo en cuenta lo que ya hemos comentado sobre las consistencias en la naturaleza y el universo, buscaremos ahora las similitudes entre lo que Dios dice de sí mismo y lo que observamos en las cosas que nos rodean.

Dios no Cambia

Un atributo importante de Dios es que Él no cambia. Así es como Él se describe a sí mismo en la Biblia, tal como se nos reveló a través de los profetas con quienes se comunicó. Esta es también la característica más importante de una referencia fija, un componente crítico de cualquier sistema ordenado.

Referencias bíblicas: (Dios no cambia - Malaquías 3:6, Hebreos 13:8 - Jesús)

Hemos visto, en capítulos anteriores, lo fundamental que es tener una referencia fija al definir un sistema ordenado (la creación). Dios eligió revelarnos este atributo de sí mismo porque consideró importante que conociéramos este hecho sobre él. Las leyes de la naturaleza (material) son constantes, lo que indica una referencia fija como su origen.

Dios es un Dios de Orden

Percibimos orden en el universo y en el planeta que habitamos. La razón de todo desorden que vemos a nuestro alrededor se explica por lo que Dios llama pecado.

El orden, tanto en el sentido espiritual como material, significa que todas las leyes que rigen ambos ámbitos deben ser obedecidas. El hombre fue creado a la perfección y habría seguido siéndolo si hubiera obedecido todas las leyes espirituales de Dios. Dios le dio al hombre un solo mandamiento: que no comiera del árbol del conocimiento del bien y del mal. Incluso se le advirtió que, si lo hacía, sufriría una muerte segura (la separación eterna de Dios). El hombre desobedeció este mandamiento y, por lo tanto, tuvo que sufrir la consecuencia de estar separado de Dios.

Pero incluso después de esto, Dios tuvo misericordia de nosotros y nos dio la oportunidad de redimirnos. Nos dio sus leyes espirituales, en forma de los mandamientos, para ayudarnos en este propósito. Sin embargo, debido al pecado, nos resulta difícil, si no imposible, cumplir estos mandamientos. Por eso, tal como somos, ninguno de nosotros es aceptable para Él. Todos quebrantamos estos mandamientos a diario (pecado).

> Cita bíblica: (Los Diez Mandamientos - Éxodo 31:18, Ninguno de nosotros está libre de pecado - Romanos 3:10) (Todos han pecado - Romanos 3:23)

Es interesante observar que podemos quebrantar las leyes espirituales, porque se nos dio libre albedrío, pero no podemos quebrantar las leyes materiales. Las leyes espirituales se basan en referencias éticas, las cuales, debido al pecado, nos han separado de la verdadera referencia (Dios) y, por lo tanto, somos incapaces de evitar pecar.

Existen leyes fijas que gobiernan el universo (MATERIALES y ESPIRITUALES). Dios es un Dios de leyes y no tolera la disidencia. Un sistema perfecto no puede tener fallas. Sus leyes espirituales no deben quebrantarse y quien las quebranta ya no puede formar parte de su orden espiritual. Como ven, el pecado es sistémico y ha afectado a todos y a todo desde que se cometió por primera vez.

Dios Creó el Universo y Todo Lo Que Hay en él

Dios nos dijo que Él creó el universo y todo lo que hay en él. Cuando observamos el universo, vemos que está ordenado, la vida está ordenada. ¿No sería lógico concluir que tal orden fue creación de un Dios inmutable, un Dios de orden y de inteligencia infinita? Su inteligencia se refleja en la complejidad de la creación, incluyendo la vida misma. Sabemos que somos seres inteligentes y no tuvimos nada que ver con la creación de nuestra inteligencia.

Por lo tanto, la inteligencia debe provenir de nuestro Creador. Hemos visto su huella en toda la creación (está ordenada) con la interconexión de todos los sistemas y subsistemas a una única referencia fija (Dios).

Referencia bíblica: (Dios creó la tierra y todo lo que hay en ella - Génesis 1)

Dios Hace Todos Los Planes y Decisiones Con Respecto al Cielo y a La Tierra

Dios planeó la creación y está llevando a cabo su plan hasta el último detalle. Tanto es así que existe una secuencia establecida en la que los eventos han sido planeados para ocurrir, y cada evento secuencial debe cumplirse antes de que puedan iniciarse los siguientes.

Un ejemplo importante de esto es que el ESPÍRITU SANTO solo habría sido enviado a nosotros después de que JESÚS muriera por nuestros PECADOS y regresara al PADRE. JESÚS mismo se lo dijo a sus discípulos. Estos eventos se desarrollaron exactamente como estaba planeado (cita bíblica: «Después de mi partida, enviaré al Espíritu Santo» - Juan 16:7). También hay varias referencias en la BIBLIA donde JESÚS cumplió las profecías del Antiguo Testamento, de modo que sus acciones serían como fueron escritas por los profetas.

Cuando leemos la Biblia, pronto comprendemos que Dios Padre, el único, planea y toma decisiones sobre todo en el cielo y en la tierra. Aquí, comenzamos a ver más similitudes o la huella de Dios en nuestro universo. El universo proviene de una sola fuente. Él nos dice que es el único Dios y que no hay otro. También sabemos que cualquier sistema ordenado no solo tiene una referencia fija, sino que, donde hay subsistemas, todos están controlados por la misma fuente única. En el cuerpo humano, es el cerebro el que controla todos los sistemas. Para el cielo y el universo, es Dios Padre quien representa el cerebro. Incluso Dios Hijo y Dios Espíritu Santo hacen la voluntad del Padre. Dios Padre es el planificador y quien toma las decisiones.

Referencia bíblica: (Jesús promete derramar el Espíritu Santo después de regresar al Padre - Juan 15:26)

Referencia bíblica: ("Yo soy tu Dios y no hay otro Dios fuera de mí")

Referencia bíblica: (Jesús hace la voluntad del PADRE - Juan 4:34, 5:19-21, 5:30, 6:38)

Ahora empezamos a ver el tema recurrente o las similitudes entre lo que vemos en el universo y lo que Dios nos ha dicho acerca de sí mismo. No sería razonable concluir que Él está diciendo la verdad?

Recuerda, ÉL nos dijo que creó el universo. Si eso es cierto, entonces ÉL debe tener inteligencia infinita. (Génesis 1)

Basándonos en el razonamiento anterior, Dios cumple en todo sentido con la definición de creador del universo. Él es infinitamente inteligente, Él no cambia (el punto de referencia fijo), Él lo planea todo y lo controla absolutamente todo.

Dios nos Hizo a Su Imagen

La analogía entre Dios y el hombre es que Dios creó al hombre a su imagen y semejanza. Los seres humanos somos inteligentes y poseemos capacidades creativas. Planificamos nuestras vidas y podemos elegir lo que deseamos. Interactuamos con nuestro entorno y lo modificamos para adaptarlo a nuestras necesidades. De todos los seres vivos de la Tierra, somos los más inteligentes. Al hombre se le otorgó autoridad sobre las cosas de la Tierra.

Referencia bíblica: Dios creó al hombre a su imagen y semejanza (Génesis 1:26).

Dios es Eterno

Dios dice: 'Yo soy el Alfa y la Omega'. Esto significa que Él es el 'Principio' y el 'Fin'. En otras palabras, Él es eterno. Cualquier sistema ordenado que tenga un comienzo debe tener un iniciador externo. Para iniciar una existencia como la nuestra, tuvo que haber un iniciador externo. Esta es la única manera de explicar nuestra existencia, ya que tuvimos un comienzo y no intervinimos en el proceso. La única fuente que puede ser el iniciador absoluto es algo eterno. Simplemente existe; no necesita un iniciador. Es eterno.

Cita bíblica (Yo soy el Alfa y la Omega - Apocalipsis 21:6, 22:13)

Dios nos Ama

Lo más importante es recordar que Dios dice que nos ama. Pero también debemos recordar que es un Dios justo. Nos ama, pero también tiene ciertas expectativas sobre nosotros. Nos dio mandamientos para guiarnos en cuanto a sus expectativas. Todas las expectativas deben cumplirse. Así es como se mantiene el orden espiritual.

Cita bíblica - (Dios nos ama - 1 Juan 4:16, Juan 3:)

El primer y más importante mandamiento habla del amor. El amor que debemos tener por Dios y el amor que debemos tener los unos por los otros. Ahora bien, ¿crees que este es un buen o mal consejo sobre cómo debemos comportarnos? ¿No crees que es mejor mostrar amor los unos a los otros que tener apatía u odio? El amor es orden y el odio es desorden. La apatía no tiene una inclinación particular, al igual que la aleatoriedad. El hecho de que Dios nos ame es una indicación de que Dios está del lado del orden. Él es el orden. Él define el orden.

Teniendo en cuenta lo anterior, parece indicar que Dios es la verdadera fuente de todo conocimiento e inteligencia. Si el conocimiento que poseemos proviene de cualquier otra fuente, no es fiable. No puede ser VERDADERO. Solo hay una VERDAD. Dios siempre dice la VERDAD. Dios es la VERDAD. Esto es parte de su carácter y uno de sus atributos. Siempre que Jesús iba a decir algo profundo, lo precedía diciendo: 'En verdad, en verdad os digo'. Las palabras que seguían eran la verdad absoluta y universal.

Cita bíblica (En verdad, en verdad os digo - Juan 6:47, Juan 5:24-25)

Referencia bíblica - (DIOS es un DIOS DE VERDAD - Isaías 65:16)

El pecado es lo que cometemos cuando desobedecemos la voluntad de Dios o las directrices que Él nos dio (los mandamientos). El pecado, como Él lo describe, nos separa de Él. Nos dio los mandamientos para que supiéramos lo que Él espera de nosotros. Sin embargo, somos incapaces de cumplir estos mandamientos porque todos somos imperfectos. El pecado nos hace imperfectos. No podemos evitar pecar, ya que no tenemos el poder de evitarlo. Esto se debe a que hemos perdido nuestra verdadera referencia. Dios es la referencia verdadera y absoluta. Sin su guía, establecemos nuestra propia referencia, que puede no estar en armonía con la referencia absoluta.

Dios es el único que puede darnos poder sobre el pecado. En el momento de tu conversión, Él envía al Espíritu Santo para que more en ti y te guíe. Pero incluso entonces, sigues pecando. La razón por la que sigues pecando es que aún conservas parte de tu antiguo yo. Ahora bien, existe una batalla continua entre el antiguo yo y el nuevo yo. A veces el antiguo yo gana, pero al final el Espíritu Santo prevalecerá. Esto es lo que sucede cuando eres salvo y naces de nuevo del Espíritu.

Dios es quien te llama a sí mismo y es su voluntad, como parte de su plan. Algunos creen que él nos llama y también nos da la voluntad de someternos a él. Si él no nos llamara ni nos diera la voluntad, no lo elegiríamos porque preferiríamos la oscuridad a la luz. Estar en Dios revela todas nuestras imperfecciones. Este sentimiento es muy incómodo y algunos prefieren no conocer la magnitud de sus defectos. Por lo tanto, debemos estar dispuestos, incluso con nuestras imperfecciones, a someternos a él.

La 'Luz' nos muestra quiénes somos en realidad y, estando tan corruptos, no queremos vernos como realmente somos en relación con la 'VERDAD ABSOLUTA'. Llegarás a esta conclusión cuando empieces a comprender uno de los atributos de Dios: la VERDAD. Solo lo sabrás cuando Él se revele a ti. Él no se parece en nada a lo que puedas imaginar. Él es mucho más de lo que jamás podrías imaginar. Es tanto más de lo que te abruma. Una reacción típica es derrumbarse y llorar desconsoladamente.

Ya se nos ha proporcionado toda la información necesaria para llegar a la conclusión de que todos necesitamos la ayuda de Dios y que sin ella estamos perdidos y permaneceremos perdidos. El camino hacia Él se encuentra en su Santa Palabra, la Santa Biblia. Lo que debemos hacer es arrepentirnos de nuestros pecados, someternos a Él y Él nos guiará de regreso al camino de la verdad.

Mencioné anteriormente que tenemos libre albedrío. Esa es la verdad. Sin embargo, si Dios necesita que vayas en cierta dirección, no puedes resistirte. Incluso puede parecerte que es tu elección, pero te equivocarías. Él es quien te da tus cualidades únicas y tiene autoridad absoluta sobre ti, y puede moldearte como desea. Él es Dios y con Él todo es posible. Todo lo que sea necesario para ejecutar su plan, se hará. Él tiene el poder de endurecer o ablandar tu corazón, así que debes orarle para que lo ablande, para que puedas escucharlo cuando te hable.

Cuando ÉL me llamó por primera vez, no supe cómo reaccionar porque no entendía lo que me estaba pasando. No era racional. Era sobrenatural y, por lo tanto, desafiaba la lógica tal como la conocemos. Sin embargo, en el fondo sabía que era lo correcto. Sentí paz con lo que estaba a punto de hacer. Sentí una paz interior y una alegría que no eran mías. Eran de alguien en quien podía confiar y tener plena fe. Estaba en presencia de una fuerza poderosa y sobrenatural, y supe en ese instante que seguirlo sería la decisión más importante de mi vida. Desde ese momento, nunca me he sentido sola y siempre tengo esa paz interior.

Tras mi experiencia de conversión, pensé que se desvanecería con el tiempo. Sin embargo, es todo lo contrario. Fue solo el comienzo de un proceso continuo de conocer a Dios y comprender su carácter. Es un proceso transformador. Tu proceso de conversión puede ser diferente al mío, ya que Dios es diverso en sus caminos y tu experiencia de conversión está diseñada exclusivamente para ti. Es una experiencia íntima y muy personal.

Para ayudarme en este proceso de transformación, he seguido asistiendo a la iglesia a la que él me envió y sigo haciéndolo. Si hubiera dependido solo de mí, sé que no habría ido a esa iglesia ni habría continuado haciéndolo desde entonces.

A veces, de camino a la iglesia, me preguntaba: Por qué hago esto? Pero sabía la respuesta. En realidad quería saber más sobre el Dios que leyó mi mente, respondió a mi oración y sigue guiándome.

Siempre soy consciente de SU presencia y le hago preguntas sobre la vida y mi propósito aquí. Él me guía a diario y, aunque pueda tener muchas pruebas en esta vida, Él ha prometido estar conmigo en todas ellas. Él nunca me ha decepcionado..

Cita bíblica - (Mateo 28:20 - 'He aquí, yo estaré con vosotros todos los días, hasta el fin del mundo')

Una cosa importante que aprendí es que, si no te has convertido, no lo conoces ni lo oyes cuando habla, porque el Espíritu Santo no está en ti. Debes arrepentirte de tus pecados y pedirle que se revele a ti y te guíe. Solo entonces empezarás a conocer y comprender al único Dios verdadero. No intentes imaginar quién es Dios; deja que te muestre su verdadera naturaleza.

Referencia bíblica: (Juan 10:27,28 'Mis hijos conocen mi voz y me siguen')

Dios no cambia. Ya lo hemos comentado, pero ahora lo explicaré con más detalle. Todo en la creación cambia en relación con todo lo demás, pero Él no cambia ni cambiará jamás. Él es la referencia absoluta, Él es perfecto, Él no necesita cambiar. Esto significa que puedes confiar en que Él cumplirá sus promesas. Él hace un pacto contigo en el momento de vuestra conversación, momento en el que comienza el proceso de transformarte en una nueva persona, la que Él quería que fueras. Cuando veas cómo Él obra en tu vida y examines sus palabras documentadas sobre cómo se comunicó en la Biblia, descubrirás que Él es el mismo Dios de la Biblia.

Él es Dios y no hay otro. Él toma todas las decisiones respecto al cielo y la tierra. Eso no significa que si le pides algo específico, no te lo dará si es para tu bien. Esto también forma parte de su plan. Siendo tu Padre, sabe cómo dar buenos regalos a sus hijos. Esta es una de las razones por las que te anima a orarle. Él quiere que te comuniques con él. Una vez que eres adoptado por él, se convierte en tu Padre espiritual.

Cita bíblica: Buenos regalos (Mateo 7:11)

Comprendes el honor que te confiere ser hijo de Dios? Los privilegios que te otorga? Esta es la experiencia suprema para cualquier ser humano, y ningún otro don la supera. Es lo más importante que podría suceder en tu vida. Lo sé porque lo he experimentado y sigo beneficiándome de esta experiencia.

Sabemos que Dios Padre es quien toma las decisions supremas en cuanto a todas las cosas del Cielo y de la Tierra. Lo vemos en todo lo que nos rodea porque es uno solo. Además, su Hijo Jesús nos lo dijo. Jesús dice que solo hace la voluntad del Padre y que Él y el Padre son uno. Él conoce la voluntad del Padre. El Espíritu Santo también hace la voluntad del Padre.

La huella de Dios es parte integral del universo. Su inteligencia, su carácter, su singularidad. Solo puede haber una única referencia inteligente en el origen del universo; de lo contrario, estaríamos en total desarmonía. La vida no existiría como la conocemos, con el cuerpo humano en armonía consigo mismo y con el entorno. El universo también exhibe esta armonía. Todo está coordinado y unificado, lo que indica una sola fuerza controladora. Cualquier ruptura de esta armonía es resultado del pecado.

Nuestro cuerpo posee varios subsistemas que operan en total armonía, lo cual indica que fue diseñado por una única fuente inteligente. Dos o más entidades separadas e independientes no pueden estar en armonía a menos que estén diseñadas para ello. Dos fuerzas controladoras separadas tendrían objetivos contradictorios a menos que estuvieran completamente coordinadas. El universo y todo lo que contiene actúan como una sola entidad, lo que confirma que una fuerza o inteligencia unificadora lo diseñó y lo controla todo. La huella de Dios está en la esencia del universo.

Si hubiera dos o más dioses independientes, habría dos o más fuerzas de control. Esto no podría funcionar. Solo puede haber un decisor final en el diseño, la creación y el funcionamiento del universo y todo lo que contiene. Esta fuerza de control suprema coordina y dirige todos los eventos y tiene la última palabra en todo. En realidad, y para todos los efectos prácticos, debe haber un solo controlador, tal como Él nos dice. Dios Padre, Dios Hijo y Dios Espíritu Santo tienen responsabilidades separadas y no hay conflicto.

Todo el conocimiento y toda la inteligencia que jamás existirá ya existen en el mundo de Dios. Es todo lo que hay y todo lo que debe haber. Este es el mundo perfecto que Jesús llama Paraíso. Es la perfección en su máxima expresión. Dio origen a nuestro universo, pero nuestro universo ahora está imperfecto como resultado de nuestros actos. ¡Pecamos! Desobedecimos las leyes espirituales de Dios, cuya consecuencia es la muerte. Esto es una separación total de Él, la verdadera referencia. Pero hay esperanza! Él nos ha dado una manera de redimirnos!

La Santísima Trinidad

ENTIDADES. Existen 'DIOS PADRE', 'DIOS HIJO' y 'DIOS ESPÍRITU SANTO'. Si esto no nos hubiera sido revelado, no podríamos haberlo deducido mediante el razonamiento lógico. Se trata de un concepto sobrenatural y, por lo tanto, no está dentro de nuestra capacidad de razonamiento.

Un atributo muy importante de esta relación es que, aunque son entidades separadas, trabajan juntas como una sola. Cada una tiene responsabilidades distintas, todas orientadas a un mismo objetivo: crear y mantener una existencia perfecta.

Existían antes del tiempo; de hecho, ellos crearon el tiempo. No podemos percibir tal existencia, pues nuestra percepción está limitada al tiempo. Existen fuera del tiempo.

Los físicos han determinado que el tiempo solo es relevante para nuestro universo. Esto concuerda con lo que Dios nos ha dicho acerca de sí mismo: su eternidad.

LA TRINIDAD es una unión perfecta. No hay conflicto. Los TRES MIEMBROS cumplen con sus responsabilidades a la perfección.

Dios Padre es quien toma las decisiones, mientras que el Hijo y el Espíritu Santo ejecutan la voluntad del Padre. Una vez convertido, el Espíritu Santo es enviado para guiarte por los caminos del Padre, de modo que seas transformado a la imagen de su Hijo. Este proceso de transformación puede ser lento, así que no te desanimes si a veces parece que no hay cambios. Una vez convertido, puedes estar seguro de que el proceso de transformación continuará hasta completarse. Te conviertes en uno de los elegidos y permanecerás suyo eternamente.

Conociendo a Dios

Lo que intento transmitirles no tiene que ver con la religión, sino con desarrollar una relación directa con su CREADOR. Incluso si no creen que tal SER exista y desee comunicarse con ustedes, como en mi caso, simplemente háganlo. Pídanle que se revele y los guíe a lo largo de su vida. Tienen mucho que ganar al pedirlo. ¿Acaso no es lógico deducir que, si existe un DIOS, esta ENTIDAD debe poder comunicarse con ustedes? Habiendo llegado a esa conclusión, el siguiente paso debería ser intentar comunicarse con ÉL.

Puesto que no lo conoces ni sabes dónde encontrarlo, debes pedirle que se revele a ti. El camino se describe en su libro sagrado, la Santa Biblia.

Créeme, no tienes que decirlo en voz alta. Yo no lo hice! Sin embargo, ÉL leyó mi mente y respondió.

Dios habla un lenguaje universal que todos entendemos, pero del cual no somos conscientes. Él puede contactarte cuando quiera. Nos ha dado su Palabra (la Santa Biblia) y desea que nos acerquemos a Él voluntariamente.

Dios inicia la relación y esto forma parte de su plan. El camino se describe en su libro, la Santa Biblia. Si no nos influyera para que nos volviéramos a Él, iríamos en la dirección opuesta y continuaríamos en la oscuridad. Sin embargo, una vez que te sometes y Él te elige, no puedes cambiar de opinión. Cuando comprendes plenamente lo que te está sucediendo, no quieres resistirte, te sometes voluntariamente. Entonces comienzas a preguntarte cómo vivías tu vida antes, sin Él. Te humillas y te sometes a su guía. Después de iniciar una relación con Dios, descubrirás que es la relación más satisfactoria que tendrás en tu vida.

Cuando eres llamado a tener una relación con Dios, solo puedes entrar en su presencia si eres puro. Dado que ninguno de nosotros es puro, fue necesario un sacrificio de pureza absoluta. Este es uno de los requisitos de un Dios justo. Jesús se convirtió en el Cordero, el sacrificio perfecto para salvarnos. Jesús, uno de los miembros de la Trinidad, tenía la pureza para salvarnos.

Mientras estés en esta tierra, el ESPÍRITU SANTO, el CONSOLADOR, está con nosotros para guiarnos a toda la VERDAD. Sin embargo, tendrás la oportunidad de estar con DIOS cuando pases de este mundo y seas plenamente JUSTIFICADO.

Cuando lees la Palabra de Dios, comienzas a comprender cómo se comunica con nosotros. Algunas de las maneras en que se comunicó con la gente hace miles de años son las mismas en que se comunica con nosotros hoy. Se comunica con nosotros directamente, así como indirectamente, a través de otras personas. En mi caso, transmitió el mismo mensaje a diferentes personas, o diferentes partes del mismo mensaje, de modo que cuando me llegó, se comunicó de forma completa y sin errores. Esto aseguró que no hubiera errores en la comunicación. Al final, comprendes el mensaje completo. En cada caso, quien intercede es el Espíritu Santo.

Es imposible que los no creyentes comprendan este proceso porque es un proceso sobrenatural. Lo sé porque yo también fui no creyente. Cuando leí la Biblia por primera vez, era solo una historia con la que no me identificaba. Después de mi conversión, todo su significado cambió. Ahora, cuando leo la Biblia, mi Padre me habla a través de su palabra.

Una de las cosas más reconfortantes de ser hijo elegido de Dios es la paz que Él te da incluso en las circunstancias más difíciles. Es una paz que sobrepasa todo entendimiento. Es una paz sobrenatural.

Dios siempre cumple sus promesas. Por lo tanto, puedes confiar en que estará contigo en todas tus pruebas.

Dios creó al hombre a su imagen y semejanza. Esto incluye nuestras emociones y nuestra capacidad de crear. Recordemos que Él creó un sistema ordenado, y esto es un reflejo de su carácter.

Para comprender quién es Dios, podemos examinarnos a nosotros mismos, nuestro enfoque hacia la creación y nuestras emociones. La diferencia radica en que Él es perfecto y todos sus rasgos de carácter están diseñados para mantener el orden.

Dios nos dice, y yo también lo creo, que todo proviene de Él y es de Él. Sin Él no somos nada. No existiríamos. Algo sucedió que rompió (pecamos) nuestra conexión directa con Él y, como resultado, estamos perdidos.

> Cita bíblica (Juan 1:3, RVR1960 - 'Todas las cosas por
> él fueron hechas; y sin él nada de lo que ha sido hecho
> fue hecho')

No puedes encontrar a Dios porque no sabes quién es ni dónde encontrarlo. Cómo se puede siquiera empezar a buscar a alguien si no se sabe a quién se busca ni por dónde empezar? Dios tiene que revelarse a ti. De lo contrario, está completamente fuera de tu alcance. Recuerda, solos, sin Dios, estamos perdidos y sin la referencia verdadera. Si tú mismo estás perdido, cómo puedes encontrar a alguien que no conoces?

No creo que, si le pides, ÉL no responda a tu petición de revelarse a ti. Incluso podría revelarse antes de que se lo pidas si es una parte importante de SU plan! Cuando lees sobre la conversión de Pablo, en la Biblia, no tuvo opción. Perseguía al pueblo de Dios y fue derribado, quedó ciego y se convirtió en un instante. Dios tenía un propósito específico para él en SU plan: convertirse en uno de sus siervos y ser uno de sus defensores. Pablo estaba excepcionalmente cualificado y, por lo tanto, fue elegido sin duda alguna.

Dios puede responder a tu oración cuando se la pidas o tiempo después. Su respuesta se basa en su plan para ti. Dios conoce tu corazón y así es como te juzga. Si te arrepientes sinceramente de tus pecados y le pides a Dios que te perdone y te guíe, es porque ya te ha elegido para la conversión y el proceso ha comenzado.

Dios es misericordioso y, por lo tanto, está dispuesto a salvarnos. Nosotros también podemos ser misericordiosos. Pero, debido a nuestros pecados, nuestra misericordia es imperfecta. Él es un Dios justo y perfecto; conoce nuestros corazones y, por lo tanto, nos dará la respuesta perfecta cuando oremos. Estamos lejos de ser perfectos, así que ni siquiera deberíamos intentar predecir cuál será su respuesta. Lo que sí sé es que su respuesta será justa. Si te arrepientes de tus pecados y quieres hacer un esfuerzo sincero por hacer el bien, Él responderá favorablemente a tu petición.

> Cita bíblica (1 Juan 1:9 - 'Si confesamos nuestros pecados, él es fiel y justo para perdonar nuestros pecados y limpiarnos de toda maldad')

Así como Jesús nos habló en parábolas o términos simbólicos, cuando el Espíritu Santo nos habla, también puede hacerlo en términos simbólicos. Como la vid y sus sarmientos, si no estamos conectados a Jesús, pereceremos. Todos pueden comprenderlo. Cuando Dios le dijo al hombre: 'Sean fecundos y mul-

ABSTRACT REPRESENTATION OF GOD

tiplíquense', 'fecundos' significa dar mucho fruto o tener muchos hijos.

Cita bíblica - (Juan 15 - 'Yo soy la vid y vosotros los pámpanos')

He incluido una representación abstracta de la creación, pintada a medida por un verdadero creyente, Jack Sependa, a petición mía. También interpretaré la pintura, ya que su significado podría no ser evidente a primera vista para la mayoría de los lectores. (On página 163).

Dios se llama a sí mismo 'el Alfa y la Omega'. Dios es el centro del universo. Está rodeado de luz blanca. Dios creó todo con su palabra, como lo demuestran los colores vibrantes que representan la creación. Todo proviene de Dios. La luz conecta el universo y no es de extrañar que Jesús se llame a sí mismo 'la luz del mundo'.

Este cuadro se pintó en un día. Jack tiene un método único para inspirarse antes de empezar cada pintura. Coloca un símbolo de la cruz en el lienzo en blanco y luego reza a Dios pidiendo inspiración. El cuadro contiguo fue inspirado por el Espíritu Santo. El Espíritu Santo también le reveló una profecía a Jack, quien me la transmitió en directo mientras desayunábamos en un hotel de Santa Fe. Supe que era real porque, mientras hablábamos, de repente se detuvo, se le llenaron los ojos de lágrimas y me dijo: «John, el Espíritu Santo me está dando un mensaje para ti». Este mensaje es el que se describe en este libro. Les contaré la historia completa próximamente.

La Huella Dactilar de Dios

Todo lo que hacemos, decimos o pensamos está ordenado si armoniza con el orden universal. Este principio se aplica a todos los aspectos del universo. Si extrapolamos, podemos concluir que el universo, al estar ordenado, se originó a partir de la misma fuente inteligente.

Por lo tanto, todos nos originamos a partir de la misma referencia fija de la que todo se origina.

La 'Inteligencia Absoluta' y la 'Inmutabilidad»'son dos de los atributos de Dios. Por lo tanto, es mucho más lógico concluir que Dios creó el universo en lugar de un suceso 'aleatorio' como el 'Big Bang' de los evolucionistas. Lo 'aleatorio' es ajeno al orden que percibimos y a la vida tal como la conocemos.

Dios permanece en contacto y tiene el control absoluto del universo y de todo lo que contiene, aunque no lo creas. Él interviene cuando es necesario; de lo contrario, estaríamos completamente fuera de control. Ninguno de nosotros tiene el conocimiento ni la capacidad de mantener el orden en un sistema tan complejo, porque solo puede haber una única fuente de control. No podemos ser cada uno una referencia, ya que esto generaría confusión. Solo puede haber una referencia absoluta, espiritual y material. Una referencia fija. Una referencia perfecta. Al observar estos requisitos, podemos ver que ninguno de nosotros los cumple, ya que todos somos imperfectos.

Los atributos de Dios se reflejan en el universo. Él es nuestra roca, nuestra referencia; Él nos lo dice y Él «no cambia». Esto es fundamental para la creación y para cualquier intento de construir o fabricar un sistema ordenado utilizando los materiales que tenemos a nuestra disposición: la materia, tal como la conocemos.

En base a lo que ya hemos comentado, ¿no es razonable concluir que este universo y todo lo que contiene deben ser objeto de un diseño inteligente?

Solo una fuente con inteligencia puede crear un sistema ordenado. La inteligencia define el orden. Esta es la única conclusión lógica.

Leyes Espirituales

La naturaleza espiritual actual del ser humano es tal que carecemos de la capacidad de convivir pacíficamente. La discordia comienza con conflictos familiares y se extiende a comunidades, ciudades, países y al mundo entero. El ser humano no puede quebrantar las leyes materiales, pero sí puede quebrantar las leyes espirituales, y de hecho lo hace.

Para intentar mantener el orden en nuestro mundo, desarrollamos e implementamos leyes relativas a nuestra conducta y medios para hacerlas cumplir. Estas leyes se basan en prácticas éticas estándar que todos debemos obedecer. No son leyes 'materiales', sino 'espirituales', basadas en principios bíblicos. Se basan en el comportamiento. Debido al pecado, si no tuviéramos leyes, la Sociedad acabaría en un estado de anarquía.

Siempre habrá algunos de nosotros que no podamos cumplir las leyes del país y que debamos ser disciplinados. Esto indica que somos imperfectos.

Para mantener un orden absoluto, no se puede permitir ningún desorden. Las leyes de Dios son mucho más estrictas que las leyes que hemos desarrollado. Ninguno de nosotros, por sí solo, es capaz de obedecer todas las leyes de Dios. Él creó un sistema perfectamente ordenado, pero, a través de lo que Él llama pecado, introdujimos el desorden y nos separamos de Él y de su guía.

El primer ser humano creado, Adán, eligió comer del árbol del conocimiento del bien y del mal, adquiriendo así conciencia del bien y del mal. Al hacerlo, introdujo el desorden, pues ahora tenía la capacidad de elegir el mal, cosa que hizo, y todos seguimos pecando.

Dios nos hizo a su imagen y semejanza para que pudiéramos tomar nuestras propias decisiones, excepto aquella que nos negó.

Nos indicó el camino que debíamos seguir, pero desobedecimos y ahora sufrimos las consecuencias. Perdimos nuestra referencia absoluta y, como resultado, nos extraviamos.

Hemos hablado de cómo una referencia fija es fundamental para un sistema ordenado. Una vez desconectados, sustituimos la referencia por la nuestra, que no es universal ni absoluta. No solo hemos creado nuestras propias referencias, sino que a veces las cambiamos constantemente. Solo podemos tener armonía entre nosotros si seguimos la 'REFERENCIA ESPIRITUAL ABSOLUTA', que es fija e inmutable. Cuando cada uno tiene su propia referencia, nos resulta imposible vivir juntos en armonía (DIVINA). Nos convertimos en un sistema desordenado. Introducimos negatividad en nuestro comportamiento, y por lo tanto, desorden. Seguimos siendo seres inteligentes, por lo que podemos crear orden, pero ahora elegimos crear desorden en nuestra sociedad, lo que resulta en desarmonía.

Nuestro PADRE no tolera la discordia, pues no forma parte de su naturaleza. ÉL es un DIOS MISERICORDIOSO y, por eso, nos ha dado un camino para redimirnos.

Dado que ÉL también es un DIOS de JUSTICIA, no le fue posible perdonarnos sin un sacrificio. Recordemos que la consecuencia del PECADO es la muerte. Esta es una de las LEYES ESPIRITUALES de DIOS. Puesto que ahora tenemos cierto grado de desorden en nuestro interior, ninguno de nosotros es capaz de corregirlo por sí mismo. Una vez que cierto grado de desorden afecta a un sistema ESPIRITUAL, la única manera de corregirlo es mediante un SACRIFICIO ESPIRITUAL. Esto satisface la JUSTICIA ESPIRITUAL, la cual debe mantenerse. Por lo tanto, ÉL sacrificó una parte de SÍ MISMO, a su hijo JESÚS, ya que ninguno de nosotros era lo suficientemente puro para ser o proporcionar este sacrificio. Lo hizo porque nos AMA.

Satán

Satanás es un arcángel caído que fue expulsado del cielo a la tierra, debido a su rebelión contra Dios. Es una fuerza negativa (malvada) que trabaja para crear desorden en nuestro plano espiritual. Está en contra de Dios y su pueblo. Nos ataca intentando influir en nuestra forma de pensar y razonar, y así trata de manipularnos para que hagamos su voluntad. Tentó e influyó en el hombre para que pecara contra Dios y, una vez que esto sucedió, tuvo poder sobre el hombre.

El pecado es el resultado de esta fuerza negativa en nuestras vidas. Destruye todo lo bueno y ordenado, por lo que debe ser detenido. Su objetivo es destruir todo lo divino, porque Dios representa toda bondad y orden. Si creemos en Jesús, Satanás solo tiene poder sobre nosotros cuando se lo entregamos mediante el pecado. Por nosotros mismos, no tenemos el poder para vencer una fuerza tan maligna, por lo que debemos confiar en Dios para que nos ayude.

Cuando Jesús murió por nosotros en la cruz, se convirtió en nuestro pecado (ver la cita bíblica a continuación) y los creyentes han recibido poder sobre el pecado y Satanás. Jesús destruyó las obras de Satanás y le quitó su poder. Su pueblo ahora tiene poder sobre el pecado, pero aún puede pecar porque no es perfecto y conserva parte de su antigua naturaleza. Todavía son tentados y a veces toman la decisión equivocada. No serán perfectos hasta que se unan plenamente a Dios.

> Cita bíblica: (2 Corintios 5:21 – 'Al que no conoció pecado, por nosotros lo hizo pecado, para que nosotros fuéramos hechos justicia de Dios en él')

La Biblia nos dice que el ladrón (SATANÁS) vino a robar, matar y destruir, pero que JESÚS vino para que tuviéramos vida y la tuviéramos en abundancia.

Hombre

La Trinidad siempre ha existido. El Padre diseñó y planeó la creación junto con su hijo Jesús y el Espíritu Santo. Siempre han trabajado y siempre trabajarán en armonía. El hombre fue el objeto de la creación. Todo lo demás fue creado para acomodarnos.

El ser humano fue creado a imagen de Dios. Esto significa que se le otorgaron atributos similares a los de Dios. Algunos de estos atributos son la creatividad, el amor, la empatía, la misericordia e incluso el odio. La diferencia radica en que Dios utiliza sus atributos de acuerdo con sus leyes sagradas para mantener la armonía en el cielo y en la tierra. Sus atributos son absolutos en todos los sentidos.

A MAN se le dio libertad de elección, pero también se le impusieron límites en cuanto a lo que podía hacer.

Sin embargo, el hombre pecó y se separó de Dios. Al hacerlo, perdimos nuestra referencia moral y nos corrompimos moral y espiritualmente. El pecado es rebelión contra las leyes espirituales de Dios, creando así desorden moral y espiritual. Dios no puede tolerar el pecado porque perturba el orden espiritual. Quienes pecan son rechazados de su mundo ordenado. El pecado se castiga con la muerte. Pero, incluso en nuestro pecado, Dios nos amó y sacrificó a su Hijo para salvarnos de la muerte eterna. La muerte eterna es la separación eterna de Él. Jesús se entregó voluntariamente como sacrificio para salvarnos de la muerte eterna.

Dios es también un Dios de verdad y justicia, y estableció leyes diseñadas para mantener el orden espiritual, las cuales deben ser obedecidas. Si las desobedecemos, sin duda sufriremos las consecuencias. Es entonces cuando nos enfrentamos al hecho de que Dios tiene autoridad absoluta sobre todas las cosas y exige nuestra admiración, amor y respeto.

El orden no puede sobrevivir con el desorden en su seno. La única manera de erradicar el desorden es atacarlo con un sistema perfectamente ordenado. Jesús fue ese sistema perfectamente ordenado.

En todo sistema ordenado, solo puede haber un líder supremo. Dios es ese líder supremo.

Cuando el hombre pecó por primera vez, heredó inmediatamente la sentencia de muerte. Todos nosotros, como descendientes directos, debemos sufrir también el mismo destino, ya que el efecto es sistémico.

Afortunadamente, Dios es misericordioso y nos ha dado la oportunidad de ser aceptados de nuevo en su seno, si confesamos nuestros pecados y nos comprometemos a seguir su guía en nuestras vidas. Debemos tener fe en que nos ama y quiere lo mejor para nosotros.

Teniendo todo esto en cuenta, debemos comprender que ÉL no tenía por qué crearnos. Él no tenía por qué darnos la oportunidad de vivir, de saber que 'SOMOS', de ser capaces de interactuar con nuestro entorno y de dar y recibir amor.

Él era perfecto sin nosotros, pero quería compartir su 'maravilla' con nosotros. Este es el regalo más grande que puedas imaginar.

Algunos dicen que el aprecio de Dios por el amor y la generosidad proviene del hecho de que siempre ha mantenido una relación similar con su Hijo y el Espíritu Santo. Son tres entidades distintas, pero actúan como una sola. Cada uno tiene una responsabilidad propia, pero actúan como una unidad integrada.

Somos seres eternos, pero para pasar la eternidad con Dios, debemos arrepentirnos de nuestros pecados y comprometernos a seguir su guía. De lo contrario, estaremos eternamente separados de Él. No creo que haya mucho debate sobre qué opción debemos elegir.

Dios ha compartido inteligencia y conocimiento con nosotros. Pero Dios tiene el poder de ocultarnos conocimiento y sabiduría, si así lo decide, y a veces lo hace. No importa cuán inteligente te creas, nunca podrás descubrir ciertas verdades a menos que Él decida revelártelas. Él ocultará ese conocimiento hasta que esté listo para revelártelo. Esto se debe a que Él tiene y seguirá teniendo el control. Él tiene un plan y toda revelación se realizará de acuerdo con ese plan.

Cada uno de nosotros tiene un propósito en la vida. El objetivo final es que la bondad y la verdad prevalezcan. Sin embargo, suceden cosas malas, pero al final, todo, incluso lo malo, ocurre para un bien mayor.

Cada uno de nosotros está diseñado para desempeñar diferentes tareas a lo largo de la vida y se nos otorgan dones especiales para realizarlas de manera efectiva y eficiente. Dios tiene un plan para cada uno de nosotros y nos ha dado los dones necesarios para llevar a cabo su plan. Él coordina nuestras acciones para cumplir su plan general para el mundo. Él mantiene el control absoluto. No podemos cambiar este plan, ya que no tenemos el poder para alterarlo.

Como estamos perdidos, creamos nuestro propio orden, que puede no estar en armonía con el orden universal. Al elegir nuestro propio camino, al separarnos de nuestra fuente, nos perdimos. Una vez perdidos, no tenemos una verdadera referencia y es imposible encontrar el camino de regreso. Solo Dios, que conoce el camino, puede guiarnos de vuelta.

Si analizamos qué significa estar perdidos, a menos que alguien que conozca el camino nos guíe de regreso a la senda verdadera, no podemos encontrar nuestro camino. Para encontrar la senda verdadera, o bien debemos ser guiados de regreso por alguien que conozca el camino o encontrar una referencia en ese camino que podamos usar para guiarnos de regreso. Dios es el único que puede guiarnos de regreso a la verdadera referencia espiritual. Es imposible encontrar la referencia, ya que no sabemos qué buscar en ningún camino que recorramos. Incluso si viéramos la verdadera referencia, no la reconoceríamos. Dios debe revelárnosla.

Dios nos creó a su imagen y semejanza y nos dio libre albedrío, pero limitó nuestro conocimiento e inteligencia. ¿Cómo pudo darnos todo su poder sabiendo que no se podía confiar en nosotros una vez que tuviéramos libre albedrío y acceso al conocimiento del bien y del mal?

Como no tuvimos nada que ver con nuestra existencia, no tenemos motivo para enorgullecernos de nuestra inteligencia ni de nuestra capacidad para acumular conocimiento. Todo lo que logramos son dones que se nos han concedido gratuitamente.

Jesus

Jesús es el único Hijo de Dios. Cuando el hombre pecó, la única manera de ser salvado era mediante un sacrificio espiritual que satisficiera la exigencia de justicia de Dios. Nada en la creación podía cumplir con estos requisitos, pues todos estamos manchados por la maldición del pecado. Solo el sacrificio perfecto era suficiente, y Jesús se ofreció voluntariamente como tal. Nos siguió amando, aun cuando éramos pecadores y ya no lo amábamos a Él.

Dios nunca dejó de amarnos, incluso cuando nosotros no lo amábamos. Él estuvo dispuesto a sacrificar a su Hijo para redimirnos, y Jesús estuvo dispuesto a ser el Cordero Sacrificial. Esta es la verdadera definición de amor incondicional.

Cuando leo la Biblia, siempre considero que las citas de Jesús son profundas, y con mucha más profundidad de la que se ve a simple vista. Siempre debemos recordar que Él es parte de la Trinidad y, por lo tanto, a veces habla en términos absolutos. Él habla la Verdad universal. Él estaba allí en el principio, y por lo tanto participó en todo lo que fue creado. Cuando Él hace una afirmación como 'Yo soy la vid (espiritual) y ustedes son las ramas; sin mí no pueden vivir', esta es la Verdad absoluta, en todo sentido. Las ramas de un árbol deben estar siempre unidas a la vid. La vid o tronco proporciona los nutrients de la vida. Lo mismo se aplica al cuerpo humano. Todas las partes del cuerpo deben estar unidas; de lo contrario, mueren. La Tierra proporciona agua a través de la lluvia, los ríos y los arroyos; de lo contrario, la vida no podría existir en nuestro planeta. Los elementos de la vida deben fluir constantemente en el cuerpo para sustentar la vida; cualquier parte desconectada morirá.

Jesús es nuestra única esperanza de vida eterna, pues murió por nosotros para que podamos reconciliarnos con Dios a través de él. La cercanía de la relación entre la Divinidad y nosotros se manifiesta en la forma en que Jesús se refiere a nosotros una vez que somos salvos. Jesús nos dice que ahora es nuestro hermano y Dios es nuestro padre. Esto indica quiénes somos en la relación familiar con el Padre y el Hijo, una vez que somos adoptados (salvados) por el Padre. Pero para obtener este honor, debemos nacer de nuevo, no de la carne, sino del Espíritu.

Dios nos dice que el primer paso hacia la redención es aceptar a su Hijo Jesucristo como nuestro Salvador, arrepentirnos de nuestros pecados y comprometernos a seguirlo. Dios se revela entonces a nosotros directamente (a través del Espíritu Santo) y a través de su libro sagrado, la Biblia. Sin embargo, para interpretar correctamente la Biblia, necesitamos la guía del Espíritu Santo para comprenderla. Es imposible comprender el significado completo de la Biblia sin la ayuda del Espíritu Santo. Pero la Palabra de Dios, tal como se manifiesta en la Biblia, es como inicialmente tomamos conciencia de Él y nos convertimos.

Después de tu conversión, pasas a ser parte del pueblo escogido de Dios. Él te cuida y te nutre como una madre a un hijo. Él te envía al Espíritu Santo, el Consolador, el Espíritu de la Verdad, para ayudarte a conocerlo y comprenderlo. A esto se le llama nacer de nuevo. Ahora has nacido del Espíritu.

Una vez que esto sucede en tu vida, significa que has sido elegido para ser un HIJO ESPIRITUAL de DIOS y DIOS PADRE es ahora tu PADRE. A partir de este momento, estás salvado para siempre y nadie puede separarte de las manos de JESÚS. DIOS te elige y le da a SU HIJO, JESÚS, autoridad sobre ti. A JESÚS se le da ahora la responsabilidad de protegerte y cuidarte, y eres guiado por el ESPÍRITU SANTO. Tu vida cambia para siempre.

Cita bíblica: «Nadie las arrebatará de mi mano» (Juan 10: 28-30)

Ahora comienza en tu vida un proceso de transformación que continuará hasta que seas completamente transformado a la imagen de Jesús. Mientras estés aquí, el proceso no estará completo, sino que lo estará cuando el Padre te llame a estar con él y seas plenamente justificado.

Si lo consideramos objetivamente, vemos que Dios se sacrificó para salvarnos, ya que Dios y Jesús son uno. Jesús se humilló, siendo maldecido por nosotros y crucificado. Durante este tiempo, Jesús se separó del Padre, renunciando a su poder como Dios por el hombre pecador.

Jesús vivió con nosotros desde su nacimiento hasta la madurez, experimentando nuestro mundo de primera mano y venciendo todas sus tentaciones. Él es el único que ha podido hacerlo en forma humana. Fue tentado mucho más que nosotros, pero como bien dijo: 'Yo vencí al mundo'. Su promesa de vida eterna dependía de que Él venció al mundo.

Cita bíblica (Jesús venció al mundo - Juan 16:33)

Vencer al mundo también significa que ÉL venció a la MUERTE. Esto es importante de entender debido a SU promesa de vida eterna. La única manera en que ÉL puede hacernos tal promesa es si tiene poder sobre la muerte, que es lo único que nos separa de la vida eterna. Habiendo muerto por nuestros PECADOS, JESÚS recibió plena autoridad sobre nosotros. Aunque es nuestro hermano, también es nuestro REY y merece nuestro respeto.

Jesús resucitó de entre los muertos al tercer día después de ser crucificado, tal como lo profetizó. Ahora está sentado a la derecha del Padre hasta que regrese por su pueblo elegido.

Pecado

El pecado crea desorden. Es sistémico. No solo afecta nuestro proceso de pensamiento, sino también la materia, el mundo material. El pecado resulta en nuestra separación de la referencia absoluta (espiritual). Dios es la referencia absoluta y no tuvo más remedio que separarnos de sí mismo como resultado de nuestra transgresión de su ley espiritual. Al pecar, causamos una disrupción en el reino espiritual, al cual estábamos directamente conectados a través de él. Por eso tuvimos que ser separados de él, ya que el pecado no tiene cabida en ese mundo perfecto.

La orden dada al hombre era clara: 'No comas del árbol del conocimiento del bien y del mal'. Pero el hombre comió de ese árbol y, como resultado, fue maldecido, perdió la referencia absoluta (Dios) y la sustituyó por su propia referencia limitada, que está en desarmonía con el orden universal.

Dios es completamente ordenado y nos creó a su imagen. Sin embargo, elegimos introducir el desorden (pecado) al desobedecer su mandato. Una vez que este desorden se inició, se propagó como un cáncer, afectando todo y a todos con quienes entraba en contacto. Es una fuerza destructiva. Es improductiva y no tiene cabida en un mundo ordenado. La única función del pecado es crear desorden, por lo que es inaceptable en un mundo ordenado.

Como se indicó anteriormente, el pecado ha afectado no solo nuestras mentes, en nuestra forma de pensar, sino también la materia tal como existe (en sistemas ordenados) en nuestro universo. Verás, Dios también maldijo la tierra, y el pecado es sistémico. Lo que inicialmente era ordenado y perfecto ahora está corrompido por el desorden.

Él es un Dios justo, por lo que tuvo que sacrificar parte de sí mismo para redimirnos. Hizo un pacto con nosotros para aceptarnos nuevamente como suyos. Dado que no podíamos redimirnos a nosotros mismos, el sacrificio fue su Hijo Jesús.

Amar

En la lengua griega se describen cuatro tipos de amor.

Estos son: Storge - Amor empático

Filadelfia - El amor de una amiga

Eros - Amor romántico

Ágape - Amor incondicional

El amor del que hablaré es el «ágape» o amor incondicional, que es el amor que Dios nos tiene. Este amor es la fuerza más poderosa y vinculante del mundo espiritual. Es una ley espiritual. Es un compromiso de mantener una relación de pacto con otra persona que no cambia (es incondicional). El amor, como emoción, es secundario, ya que está sujeto a cambios según el estado emocional de las personas involucradas.

El AMOR INCONDICIONAL incorpora la referencia ESPIRITUAL que nos une a todos en perfecta armonía.

Trata a los demás como te gustaría que te trataran a ti. Debemos amarnos a pesar de los desafíos que podamos encontrar en la relación, y no solo por los beneficios que obtendremos de ella. Este amor es abnegado y hará sacrificios para asegurar que se mantenga el orden en la relación.

(1 Corintios, capítulo 13, define el amor incondicional)

El AMOR es una fuerza que produce orden. Por eso nuestro DIOS nos ha dicho que 'De los tres, FE, ESPERANZA y AMOR, el mayor de ellos es el AMOR'.

> Cita bíblica: (El mayor de ellos es el amor, 1 Corintios 13:13)

Nuestra definición secular de amor es egoísta. Es interesada y, por lo tanto, no es lo mismo que el amor que Dios nos tiene. Cuando decimos que amamos a alguien, generalmente queremos decir que esa persona satisface una necesidad egoísta en nosotros. Sin ella, nos sentimos insatisfechos. Al examinar este concepto, vemos que nuestra definición de amor no es dar, sino recibir o tomar. En otras palabras, esperar algo a cambio del amor que damos.

El amor de Dios se da sin esperar nada a cambio. Similar al amor que una madre siente por su hijo. Es instintivo y ordenado. Para que el orden se mantenga, debemos superar las influencias externas y usar solo la referencia absoluta y verdadera como guía. El amor es un sistema ordenado. Uno debe amar no por el beneficio propio, sino por el beneficio de los demás. El beneficio para ti vendrá después. Es el orden natural de las cosas. Recuerda, Dios nos siguió amando incluso después de que pecamos.

El amor es una decisión consciente que tomamos y que a veces sacrifica nuestra propia felicidad. Esto es necesario para asegurar que se mantenga el orden en el sistema universal. Esto es fundamental en nuestro mundo caído. Cada parte o miembro del sistema universal debe a veces hacer sacrificios por el bien común.

En nuestro mundo caído, esto es esencial para que se mantenga el orden. Por lo tanto, parece lógico que, para salvarnos y ayudarnos a regresar al orden, Dios tuviera que sacrificarse a sí mismo en la forma de su Hijo. Esto es lo que hace el amor incondicional. Es autosacrificio.

Ningún ser humano podría haber concebido una definición de amor como la que solemos tener, tan egoísta. Si consideramos el panorama general, siendo nosotros el sistema ordenado por excelencia en nuestro mundo, resulta evidente que este amor es fundamental para mantener el orden. Nos une, nos da cohesión. Su fuerza cohesiva es necesaria para nuestra supervivencia. Sin amor, no hay unidad. Sin unidad, nos autodestruimos y nos desorientamos aún más. Nos habremos desconectado por completo de nuestra referencia universal, estaremos solos e incapaces de retomar el rumbo.

Para mantener el rumbo, necesitamos comprender la definición de AMOR INCONDICIONAL y practicarlo. Esto no es algo que podamos hacer por nuestra cuenta, porque la mayoría de nosotros ya estamos perdidos y vemos el mundo desde una perspectiva egoísta. Podemos pensar que esta perspectiva egoísta es natural, pero no es propicia para el orden universal. Necesitamos la guía de la referencia absoluta, pero primero debemos reconocer que estamos perdidos y necesitamos ayuda.

Los únicos que serán redimidos son aquellos que reconocen la necesidad de ayuda y piden y reciben guía. Incluso después de la conversión, seguimos necesitando guía y apoyo constantes para mantenernos en el camino correcto. Es una batalla diaria y debemos depender de la guía continua de nuestra REFERENCIA ABSOLUTA, nuestro PADRE CELESTIAL.

Cuando Dios nos creó, creó en nosotros una necesidad que solo Él puede satisfacer. Las cosas del mundo jamás podrán satisfacer esta necesidad.

Confianza

La confianza es un concepto tan delicado que basta un solo error o acto de desconfianza para perderla por completo. La confianza se desarrolla a partir de la constancia y la confiabilidad, y por lo tanto, se gana. Confiamos en alguien que nos permite analizar objetivamente la situación y juzgar con imparcialidad. Se puede confiar en que esa persona dirá la verdad y será justa en toda circunstancia. Una vez que se le otorga a alguien el honor de ser confiable, se le toma como ejemplo y se espera que continúe actuando de acuerdo con su carácter. Cualquier cambio en esta persona que ponga en duda esta cualidad puede resultar en la pérdida de la confianza. (Recuerda siempre: Dios no cambia, por lo que siempre se puede confiar en él).

La confianza a veces tarda años en construirse, pero puede perderse con un solo acto negativo. La coherencia es fundamental para mantener la confianza. Este es otro ejemplo de lo importante que es para nosotros vivir según principios íntegros e inmutables y ser una luz para todos.

Si nuestra referencia no es absoluta, siempre existe la posibilidad de error. La única referencia absoluta es Dios. Dios nunca cambia. Podemos confiar plenamente en Él. Para que podamos confiar en alguien, es fundamental que esa persona siga siendo como la percibimos. Desarrollamos la confianza a lo largo de los años de convivencia con alguien, analizando sus acciones y reacciones en diversas situaciones. La confianza es muy frágil, por lo que siempre debemos ser conscientes de cómo nos perciben los demás y mantener los más altos estándares éticos.

El Perdón de Dios

Dios promete perdonarnos si nos arrepentimos de nuestros pecados, nos humillamos ante Él y nos comprometemos a guardar sus mandamientos. Esto es necesario para restaurar el orden que se había roto. Hay una consecuencia por quebrantar las leyes espirituales y un sacrificio necesario para redimirnos. El perdón solo es posible si se realiza un sacrificio adecuado. Esta es la justicia de Dios y es uno de sus atributos.

Era necesario un sacrificio para que ÉL nos volviera a aceptar como suyos. Ninguno de nosotros es digno de ese sacrificio, pues todos somos impuros. Por lo tanto, ÉL sacrificó una parte de sí mismo por nosotros al enviar a su Hijo a morir por nuestros pecados. (Dios y Jesús son uno). Ningún sacrificio que pudiéramos haberle ofrecido habría sido suficiente, porque todos somos indignos. Solo el sacrificio perfecto sería aceptable para un Dios justo. No cumplimos con ese requisito, y nada de lo que poseemos lo justifica.

Solo un Dios de amor, misericordia y justicia consideraría hacer esto por nosotros. Su Hijo, también parte de la Divinidad, se entregó a sí mismo como sacrificio. Este es un reconocimiento muy poderoso y conmovedor.

Nuestra Perdón

Cuando perdonamos a alguien que nos ha ofendido, no solo perdonamos a esa persona, sino que también nos liberamos del resentimiento, el odio o el desprecio que sentimos por ella. Guardar rencor contra quien nos ha ofendido nos perjudica más a nosotros que a quien cometió la ofensa. Esta es una de las razones por las que el perdón es tan importante, ya que nos alivia del peso del resentimiento, el odio y el desprecio.

Oración

La oración es comunicación directa con Dios. Sabemos que Dios tiene un plan para nosotros y un plan para la creación, pero aun así nos anima a orarle. En la oración, podemos pedir bendiciones, incluso sobre cosas específicas. Él nos concederá tales peticiones si son cosas que nos benefician.

Aunque Dios tiene un plan para nosotros, Él escuchará y responderá a nuestras peticiones de oración. Él da dones a sus hijos y, siendo nuestro Padre, Él sabe mejor que nosotros cómo darles buenos dones.

Cita bíblica (Buenos regalos - Mateo 7:11)

Nuestras oraciones siempre deben incluir peticiones de sabiduría para que podamos comprender mejor lo que él desea de nosotros. Pero, sobre todo, debemos reconocer y dirigirnos al poder soberano de Dios sobre nosotros. Incluso Jesús dijo: 'No se haga mi voluntad, sino la tuya'.

Cita bíblica: 'no es mi voluntad' (Lucas 22:42)

Cuanto más oremos a NUESTRO PADRE, más rápido y profunda crecerá nuestra relación con ÉL. Cuando oremos, debemos creer o tener fe en que nuestras oraciones serán respondidas. DIOS siempre responderá nuestras oraciones, pero a veces la respuesta no será la que esperamos. Recuerda, ÉL solo nos da cosas que son buenas para nosotros o para el bien universal. Su respuesta puede tardar, así que debes ser paciente. ÉL hace todo a su debido tiempo, de acuerdo con su plan. A veces nos bendice abundantemente y nos da incluso más de lo que esperamos.

Recuerda siempre que la oración es comunicación directa con Dios y la mejor manera de conocerlo y comprenderlo mejor. Recuerda también que estás en comunicación con Dios y debes permanecer humilde. Eres su hijo y Él te ama. En este contexto, puedes hablar con Él de cualquier cosa y debes hacerlo. Él siempre velará por ti y te dará buenos consejos.

Fe

Referencia bíblica – Hebreos 11:1' 'La fe es la garantía de lo que se espera, la prueba de lo que no se ve.'

La fe es creer en algo que no se puede ver ni explicar racionalmente. Sin embargo, se cree por la influencia sobrenatural de Dios.

La verdadera fe no la iniciamos nosotros, sino Dios. Sabemos que es sobrenatural porque no se desvanece, sino que se fortalece con el tiempo a medida que crece nuestra relación con Dios. No es algo que se pueda explicar racionalmente. Sin embargo, sabemos que es real y podemos confiar plenamente en su origen.

La fe no puede ser comprendida plenamente por quien no es creyente. Normalmente, los no creyentes argumentan que, a menos que se pueda ver y tocar, no está ahí, no existe; todo está en la mente.

Tener verdadera fe es señal de que uno está en Dios y el Espíritu Santo mora en ti. Una medida de fe es uno de los dones que Dios concede cuando te conviertes en creyente y eres adoptado como uno de sus hijos escogidos.

Con esta FE, no tienes duda de que DIOS existe y que ÉL creó el universo y todo lo que hay en él. Cuando lees la Biblia, crees todo lo que ÉL dice sobre sí mismo, lo que ÉL dice sobre el mundo y lo que ÉL dice sobre ti. Descubrirás que ÉL te revela cosas sobre ti mismo que luego comprobarás que son ciertas. Solo cabe concluir que, si ÉL sabe más sobre ti de lo que tú mismo sabes, entonces ÉL te ha creado. Tu fe se profundiza aún más cuando estas verdades te son reveladas.

Esperanza

La esperanza es el deseo de que las cosas que anhelamos se hagan realidad. Si oramos por algo, esperamos que se cumpla. Pero depende de Dios si Él concederá o no nuestro deseo. Siempre debemos recordar que Él solo nos concederá cosas que sean buenas para nosotros o que contribuyan al bien común. Puede que no siempre pidamos cosas que sean buenas para nosotros, así que no nos desanimemos si no obtenemos la respuesta que deseamos.

Incluso cuando suceden cosas malas, siempre hay algo bueno que surge de esa experiencia o evento. Debemos recordar que no estamos en posición de ver el panorama completo, pero Él sí. Las cosas siempre sucederán según Su plan divino y no debemos cuestionarlo.

Padres, comprendan que sus hijos son de ustedes, pero no les pertenecen. No son de su propiedad. Son hijos de Dios, al igual que ustedes. Su destino está en sus manos y deben respetar su voluntad soberana.

El destino de tu hijo no te corresponde a ti decidirlo. Solo Dios lo decide. Sé que es difícil de aceptar, pero es la verdad. Quizás creas saber qué es lo mejor para tus hijos y no quieras verlos sufrir, pero, en última instancia, la voluntad de Dios prevalecerá. Acepta que Su voluntad ofrece el mejor resultado, aunque ahora no la comprendas.

Teniendo esto en cuenta, aún podemos esperar que se nos conceda lo que consideramos bueno. Debemos recordar siempre que vivimos en un mundo imperfecto y que experimentaremos sufrimiento. Pero, si eres uno de los hijos elegidos de Dios, Él siempre estará contigo en cualquier dificultad o prueba que la vida te presente.

Mensaje final

Existe un punto de referencia fijo que nos conecta a todos y a todo en el universo. Este punto de referencia fijo es una fuente inteligente. La fuente inteligente es Dios.

La única razón por la que he podido escribir este libro es porque tengo una referencia fija, la verdadera referencia: mi PADRE DIOS. Mi enfoque siempre estuvo en ÉL para que me guiara en cada pensamiento y palabra. Siempre que tenía un problema para expresar una idea, le pedía que me dijera qué escribir para transmitir el mensaje deseado. De hecho, ÉL ha guiado mis pensamientos a lo largo de todo este proceso, de principio a fin. Espero que este libro haya reflejado su guía divina y ofrezca mayor claridad sobre tu propósito en este mundo. Ten en cuenta que soy humano, pero creo haber plasmado con precisión los principios básicos que intento transmitirte a ti, el lector.

A lo largo de mi vida me he estado preparando para escribir este libro. Mirando hacia atrás, ahora veo el panorama completo, ya que todos los aspectos de mi vida son relevantes para el mensaje que contiene.

La idea de este libro me la dio mi 'PADRE DIOS'. Él me envió el mensaje de que no tendría que hacer nada y que todo llegaría a mí. Y así fue, pues todo lo que he escrito se basa en mis experiencias de vida y mi formación como ingeniero.

Él me enseñó a ver el panorama general y a integrar todos los elementos. Ahora entiendo que a lo largo de mi vida me he estado preparando para este proyecto. No me atribuyo el mérito del mensaje; solo soy el mensajero.

Dios sabe que somos imperfectos, pero aun así nos ama. Sabe que nuestra tendencia es ir en la dirección opuesta, pero aun así nos ama. Nos acepta tal como somos porque sabe que no podemos cambiar por nosotros mismos. Sabe que solo Él puede guiarnos de vuelta a la armonía con el orden que creó. Por nosotros mismos, estamos perdidos; no tenemos una referencia fija y verdadera.

No debemos ser moralistas creyendo que sabemos qué es lo mejor para nosotros. Créanme, cualquiera de nosotros es capaz de cometer cualquier pecado o encontrarse en circunstancias difíciles, así que no debemos mirar a los demás y decir: "¿Cómo pudieron hacer tal cosa?". De ahí la cita: "Solo por la gracia de Dios podría estar yo". Dios es el único que nos impide ser lo peor que podemos ser.

Tenemos muy poca información y conocimiento para tomar decisiones que cambien nuestra vida por nuestra cuenta. Necesitamos SU ayuda. Somos como un pequeño destello en los anales del tiempo. Somos insignificantes en el orden general de las cosas. ÉL es el único que tiene el poder de darnos importancia, así que debemos acudir a ÉL en busca de guía. Y a quién mejor acudir en busca de guía que a nuestro PADRE CELESTIAL?

'Dios elige a personas comunes para hacer cosas extraordinarias'.

DEFINICIONES Y CONCEPTOS

AQUÍ TIENES ALGUNAS definiciones y conceptos que debes tener en cuenta al analizar los principios de este libro.

Referencia

La referencia define el origen, así como cada punto subsiguiente en un sistema ordenado. Este es un componente crítico en cualquier sistema ordenado. La referencia debe estar siempre activa para mantener influencia o control sobre el conjunto. Debe ser establecida por una fuente inteligente. Esta es una verdad universal.

La referencia absoluta rige las leyes de la materia, así como nuestra forma de comportarnos como seres humanos. Es la fuente de la estructura tanto de las manifestaciones mentales (espirituales) como físicas del universo.

Cuando estamos despiertos, sabemos dónde estamos en todo momento. Si no lo sabemos, estamos en problemas; estamos perdidos. Siempre somos conscientes de nuestra ubicación porque hemos almacenado referencias de nuestras experiencias a las que temenos múltiples accesos. Navegamos usando referencias tanto para ubicarnos como para procesar la información. De ahí la importancia de tener siempre una referencia. Es fundamental que comprendamos la importancia de una referencia fija, ya que es un componente esencial para mantener el orden.

Si queremos emprender un viaje, ir de un lugar a otro, debemos dar el primer paso. Luego continuamos en una dirección que sabemos que nos llevará a nuestro destino. Durante todo este proceso, necesitamos tener presente adónde vamos y usar referencias en el camino. Este es un proceso natural. Sin embargo, si perdemos nuestra referencia, nos perdemos. Nunca podremos continuar nuestro viaje si no encontramos una referencia en el camino original para poder reorientarnos. Esta es una ilustración sencilla, pero se aplica a todos los sistemas ordenados. No tenemos idea de dónde estamos hasta que encontramos una referencia en el sistema ordenado que estamos navegando.

Si nos perdemos, debemos pedir indicaciones a alguien. Debemos comunicar con claridad adónde queremos ir y la persona a quien preguntemos debe conocer el camino. Así, podremos ser guiados de regreso al camino original para llegar a nuestro destino final.

Sin un punto de referencia, somos incapaces de procesar información. Nuestro cerebro debe buscar y encontrar un punto de referencia para que podamos pensar e interactuar con el entorno. La inteligencia nos permite llevar a cabo el proceso de pensamiento y adquirir y utilizar el conocimiento.

La vida se basa en referencias. Sin ellas, desconoceríamos nuestra existencia. En sentido absoluto, sin una referencia, no existiríamos. DIOS PADRE, DIOS HIJO Y DIOS ESPÍRITU SANTO siempre han existido. Dado que no siempre existimos, para nosotros debió haber un comienzo, una creación que se inició en la mente de DIOS. Esta es nuestra referencia inicial y está fijada en el tiempo. Nuestras experiencias comienzan entonces en un orden secuencial, también fijo en el tiempo. Nacemos en esta tierra y nuestras experiencias comienzan entonces en un orden secuencial fijo en el tiempo. La memoria nos permite acceder a esa secuencia de manera ordenada.

Nuestro cerebro es el medio donde todo esto ocurre. Está diseñado para registrar esta secuencia y para que podamos acceder a esta información a voluntad. Nuestro cerebro nos permite respirar, caminar, hablar, oír, oler, sentir, pensar y resolver problemas. El cerebro es también la conexión entre nosotros y el mundo material en el que vivimos.

Nuestro espíritu renacido es la puerta de entrada al reino espiritual donde todo es posible. Conecta con el reino espiritual donde se originan las ideas para dar inicio a nuestra capacidad creativa. Gran parte de nuestro conocimiento y sabiduría se nos comunica de esta manera.

Nuestra referencia absoluta es espiritual y eterna. Si tomamos la referencia absoluta como punto de origen de todo, no hay nada nuevo bajo el sol. Nuestro universo siempre ha formado parte del plan de Dios y, en algún momento finito, Él lo creó con su palabra.

Aquí tenéis algunos ejemplos cotidianos de cómo se utilizan las referencias fijas para recuperar el orden y la perspectiva en un sistema ordenado.

Reinicio del ordenador: el programa vuelve a su punto de referencia para recuperar la precisión.

Retroalimentación negativa: parte de la señal de salida se retroalimenta a una etapa de entrada para reducir la distorsión. Esto cancela las señales no deseadas introducidas por el circuito. Las diferencias entre la entrada y la salida se cancelan, excepto en el caso de la amplificación proporcional de la entrada. La señal de entrada se utiliza como referencia.

Temperatura cero absoluta: termodinámica. Temperatura a la que cesa todo movimiento atómico. Esta es la referencia de energía cero.

0 - Cero - matemáticas —La referencia

En cualquier prueba experimental, debe haber un control o referencia que sirva como estándar para determinar si el experimento ha tenido éxito o ha fracasado. Incluso nuestro nombre y firma son tipos de referencias.

El universo necesita un punto de referencia único; de lo contrario, reinaría el caos total. Todo debe estar coordinado bajo una fuerza unificadora, ya que esta es la única manera en que puede funcionar en armonía.

Lo hemos demostrado al observar sistemas ordenados aislados y notar que cada uno debe tener una referencia fija y singular para que el conjunto actúe como una sola entidad. Si existen varios subsistemas, como en el cuerpo humano, entonces todos deben estar bajo un mando central para operar en armonía. El centro de control debe ser inteligente. Esta característica es fundamental en cualquier sistema ordenado. En el cuerpo humano, el centro de control es el cerebro.

La referencia es un componente importante de cualquier sistema ordenado. Sin embargo, también es fundamental que se utilice la referencia 'VERDADERA'. Si la referencia VERDADERA no es el fundamento del sistema ordenado, entonces no estará en armonía con la 'VERDAD' universal. Esto significaría que hemos desarrollado nuestra propia verdad, la cual no nos llevará a ninguna parte, sino al fracaso final.

Si no tienes una referencia, estás perdido. Si no tienes la referencia 'VERDADERA' ESPIRITUAL, estás verdaderamente perdido. Solo hay una 'VERDAD' y una referencia 'VERDADERA' ESPIRITUAL.

En las aplicaciones 'ESPIRITUALES', solo existe una referencia 'VERDADERA'. En las aplicaciones materiales, podemos fijar nuestra referencia según lo que estemos intentando lograr. Lo importante es que, una vez establecida una referencia material, nunca se puede cambiar para ese sistema. Solo tenemos la opción de decidir dónde queremos que esté la referencia.

En lo que respecta a las referencias espirituales, no tenemos esa opción. No podemos corregir ni cambiar las referencias espirituales. Estas son fijadas por Dios. Por eso, una vez que nos desconectamos de nuestra referencia espiritual, estamos espiritualmente perdidos y solo Él puede guiarnos de regreso al verdadero camino.

El instinto es una referencia programada y es común en los organismos vivos. Proviene de la fuente de la inteligencia absoluta. Si no existe una referencia fija, no se puede mantener el orden.

Una vez establecida la referencia en un proceso de fabricación e iniciada la secuencia, cualquier cambio debe comunicarse a la referencia fija original. En cualquier sistema ordenado, existe una conexión activa entre todos los componentes y subsistemas. Siempre que el cambio sea compatible con el componente al que está conectado, será compatible con el sistema en su conjunto. Por lo tanto, el cambio debe provenir de una fuente inteligente capaz de comprender el panorama general y la relación entre todos los componentes del sistema.

Reino Espiritual

Es lógico que exista otro plano superior al plano material, ya que este último no siempre ha existido y surgió en un momento finito. Además, el plano material por sí solo no explica completamente el orden que observamos en nuestro universo. En otras palabras, el orden que se manifiesta a nuestro alrededor no puede explicarse completamente mediante las leyes materiales. Las leyes materiales solo controlan la materia. Para ello, se requeriría un control de alcance mucho mayor que el que rige únicamente la materia.

La vida es también otro proceso ordenado que no puede explicarse únicamente mediante leyes materiales. Las leyes materiales están diseñadas para la estabilidad de la materia, y dicha estabilidad requiere referencias fijas. Sin embargo, estas referencias materiales fijas no son evidentes como función de la 'materia viva'. La materia, en general, está sujeta a la ley de la entropía, que la degrada hacia la aleatoriedad. Las referencias para la vida se oponen a la entropía y debieron ser introducidas por una fuente inteligente, la misma que desarrolló las leyes absolutas que rigen la materia, ya que esta está diseñada para ser utilizada como materia prima para toda la materia viva.

Por lo tanto, para que la materia desarrolle vida, otras leyes tendrían que estar en funcionamiento, neutralizando la entropía o cualquier otra ley que entre en conflicto con las leyes que rigen el desarrollo de la vida. Dichas leyes también tendrían que haberse originado a partir de la referencia absoluta que define todas las cosas, tanto materiales como espirituales. Estas leyes están diseñadas para combinar lo 'material' y lo 'espiritual' en perfecta armonía, lo que sugiere una misma fuente inteligente.

El REINO MATERIAL tuvo un comienzo, por lo que es temporal. Este fue el 'Big Bang', como algunos lo llaman. El inicio del reino 'MATERIAL' debió haber sido alguna fuente externa a la que me refiero como el reino 'ESPIRITUAL'. Aunque no lo vemos, existe, pues hay mucha evidencia de su existencia. Hemos tenido numerosas interacciones con este reino que no pueden ignorarse.

El origen de nuestro mundo temporal, 'MATERIAL», no puede explicarse de otra manera. Debe provenir de otro reino, un reino ordenado que preexistió a nuestro reino «MATERIAL». Este reino debe ser eterno, con su fuente (DIOS) absoluta en conocimiento e inteligencia. Solo una fuente así podría crear un universo. Esta es también la fuente del conocimiento ilimitado, parte del cual hemos recibido. También tenemos la capacidad de reconocer y utilizar este conocimiento, nuestra inteligencia.

En el mundo espiritual, el orden absoluto es imperativo. Es el ámbito donde se originan los pensamientos e ideas vírgenes. Vemos cambios en nuestro mundo que ocurren día a día, lo que indica un crecimiento en el conocimiento, como el vasto crecimiento tecnológico que experimentamos actualmente. Nosotros, como seres humanos, puede que no hayamos tenido este conocimiento antes, pero siempre ha existido. Simplemente estamos accediendo a la fuente. Se nos revela como parte del orden natural de las cosas de Dios. No es nuevo. Solo es nuevo para nosotros.

Podemos pensar que es algo que nos pertenece, pero no es así. Siempre ha existido como VERDAD. Es eterna. Es absoluta. El conocimiento y la inteligencia absolutos siempre han existido en el plano espiritual y se nos revelan gradualmente en el plano material.

Para estar en armonía con el ámbito espiritual, necesitamos seguir las leyes espirituales. Estas nos han sido comunicadas como directrices éticas (los mandamientos) en la Biblia, las cuales nos resultan imposibles de obedecer completamente sin la ayuda de Jesús y el Espíritu Santo. Esto se debe a que, aunque se nos dio libre albedrío, pecamos y perdimos nuestro verdadero rumbo. Estos mandamientos nos guían a enfocarnos en la armonía completa en nuestra forma de vivir e interactuar con los demás.

Eternidad

La eternidad 'ES'. La eternidad no tiene principio ni fin. Dios se refiere a sí mismo como 'El Alfa y la Omega'. Él es eterno. Este es un concepto muy difícil de comprender para nosotros, ya que todos vivimos en un mundo temporal. De hecho, es imposible que lo entendamos completamente. Sin embargo, podemos analizar qué factores o componentes debieron ser eternos para que el universo fuera posible.

La inteligencia, en relación con Dios, debe haber sido eterna porque el tiempo no puede explicar el concepto de inteligencia, que no es función del tiempo, sino que es de Dios. De igual modo, el conocimiento absoluto tampoco es función del tiempo. Debe haber existido siempre. La acumulación de conocimiento en nuestro mundo, sin embargo, tal como se revela desde Dios, sí es función del tiempo. El ritmo de adquisición de conocimiento fue inicialmente gradual, pero ahora parece estar creciendo exponencialmente.

La inteligencia absoluta de Dios siempre ha sido y siempre será. Heredamos la inteligencia de nuestro Dios. Solo nos volvemos más inteligentes cuando nuestra capacidad para procesar información mejora como resultado de cambios en la función cerebral. Esto forma parte del proceso de crecimiento y madurez. Es una función del mundo material.

La inteligencia es un concepto absoluto, pero la capacidad de acumular y utilizar el conocimiento varía entre las especies. El ser humano ha recibido un gran don: la capacidad de acumular y utilizar el conocimiento en mayor medida que cualquier otra especie. Nuestra capacidad para adquirir y utilizar el conocimiento está limitada por la función cerebral, y esta es la principal variable. Toda la información disponible ya existe y siempre ha existido; nosotros solo la descubrimos.

Dios posee inteligencia absoluta, lo que significa que no está limitado por un cerebro en su capacidad para usar el conocimiento. Su conocimiento también es absoluto. Con inteligencia ilimitada viene conocimiento ilimitado. El conocimiento y la inteligencia absolutos siempre han existido en Dios. Son eternos. El único cambio es que ahora se nos ha dado la oportunidad de que Dios los comparta con nosotros, según su voluntad.

Objetivo

Cuál crees que es tu propósito en la vida? Una de las primeras pistas es dónde naciste. También tu nacionalidad! Si eres hombre o mujer! Qué dones te fueron dados! En qué situación te encuentras en cualquier momento de tu vida!

Si este universo fue creado por una fuente inteligente, esa fuente debió tener un plan y un propósito para todo lo que contiene. Es lógico llegar a esa conclusión basándonos en cómo razona una mente inteligente. Si nos observamos a nosotros mismos, vemos que planeamos nuestras vidas y nos esforzamos por obtener el resultado deseado en nuestras acciones. Fuimos creados a imagen de nuestro creador inteligente, Dios.

Material

Este es el reino en el que vivimos. El reino en el que existe nuestro universo. Está compuesto de espacio y materia. Interactuamos con él a través de nuestros cinco sentidos. Podemos ver, tocar, sentir, oler y oír. En este reino, las leyes que lo rigen son fijas y no podemos cambiarlas ni quebrantarlas.

Singular

En este contexto, singular significa proveniente de una sola fuente o de la misma fuente. La creación manifiesta ciertos patrones y similitudes que solo pueden explicarse por un origen singular. Todos los sistemas ordenados están en armonía, lo cual es indicativo de una fuente singular.

Asunto

La materia es todo aquello que ocupa espacio. Incluso la luz ocupa espacio, ya que los rayos de luz son fotones, partículas diminutas. Algunos podrían argumentar que la luz no es una partícula, sino una onda, pero aun así ocupa espacio. Es una forma de energía.

La materia fue creada y la creación está completa. No se nos ha dado el poder de crear algo de la nada. Sin embargo, se nos han dado las materias primas para usarlas como mejor nos parezca.

En física, se dice que «la materia no se crea ni se destruye». Los científicos han demostrado esta teoría. No podemos crear materia ni destruirla. Solo podemos transformarla de una forma a otra, como descubrimos en el estudio de la termodinámica y la ciencia nuclear. Esto ocurre en umbrales fijos, bajo condiciones específicas. Conociendo estos umbrales, podemos iniciar cambios para obtener los resultados deseados.

Con este conocimiento podemos fabricar un dispositivo nuclear mediante una cuidadosa preparación de las materias primas y el control de las condiciones para que se cumplan los umbrales. Nuestro objetivo es obtener una reacción en cadena, pero el camino hacia el éxito es muy estrecho y debe seguirse con mucha atención.

La materia se presenta ordenada o desordenada. Consideraré la aleatoriedad como una forma de desorden. Sin embargo, el desorden es más que aleatoriedad. Mientras que la aleatoriedad, por definición, no tiene sesgo, el desorden está sesgado hacia lo negativo.

Vivimos en un mundo material y sabemos que la materia no puede crearse a sí misma ni surgir de la nada. La ley física que dice que «la materia no se crea ni se destruye» implica que, si hay un vacío, la materia no puede aparecer repentinamente en él. Toda la materia que existe en nuestro mundo siempre ha existido de una forma u otra, desde su creación.

Por lo tanto, podemos concluir que si hay un vacío y la materia aparece repentinamente en él, entonces debe provenir de otro lugar y, si fue creada, debe tener un origen fuera de ese vacío.

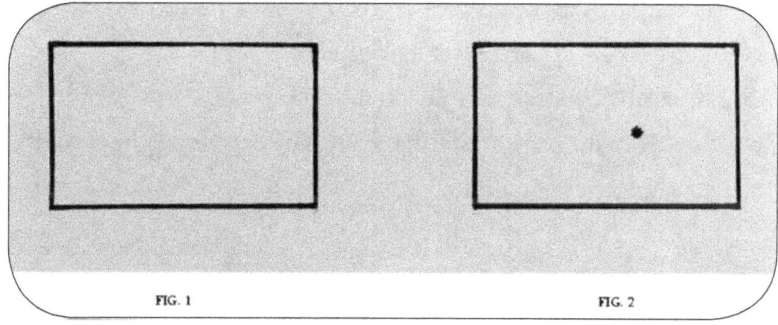

FIG. 1   FIG. 2

La materia no puede crearse a sí misma. Si pudiera, veríamos evidencia de tal creación en este plano. Por lo tanto, la capacidad de crear debe pertenecer a otro plano. Creación significa algo a partir de la nada.

Analicemos los diagramas anteriores para intentar explicar este concepto.

En el primer diagrama, Fig. 1, no hay nada, lo que representa un vacío. No hay sólidos, líquidos, gases ni energía presentes. No hay materia. El segundo diagrama, Fig. 2, tiene un punto que representa alguna forma de materia. No importa qué sea, pero si aparece repentinamente, debe provenir de algún lugar. Ahora bien, si antes solo había un vacío, entonces el punto debe provenir de otro lugar. Su origen debe haber sido algo externo a ese vacío. En otras palabras, una fuente externa. Esta es la única manera en que podría haber aparecido en lo que alguna vez fue un vacío.

Podemos observar nuestro universo de la misma manera, pero a una escala mucho mayor. Su origen debió estar fuera de nuestro universo.

Propiedades

Las propiedades son características únicas de un material, proceso o sistema en particular. A veces se utilizan para definir el material o proceso debido a sus características únicas.

Si tomamos como ejemplo la sal, algunas de sus propiedades serían que: es blanca, es cristalina/granular, es sólida a temperatura ambiente y su sabor es salado.

Algo

Si analizamos la materia y el concepto de algo frente a nada, debemos comenzar con una referencia. Solo puede haber «algo» si no hay 'nada', o viceversa.

Tiene que haber «algo» con qué compararlo en su propia categoría o ámbito; de lo contrario, carece de sentido. No sería relevante. ('algo' se refiere a la materia tal como la hemos definido).

'Nada' y 'algo' se encuentran en los extremos opuestos del espectro en nuestro ámbito. Son mutuamente excluyentes. Sin embargo, no se puede percibir uno sin tener en cuenta el otro. No podemos apreciar 'algo' a menos que exista 'nada' con la que compararlo. Esto demuestra la importancia de la referencia. Podemos considerar el espacio como la representación de la nada y la materia como la representación de algo. De manera similar, no comprenderíamos la luz a menos que exista la oscuridad.

Si decimos: 'Al principio no había nada', entonces hemos definido la nada, que se convertirá en nuestra referencia. Pero, cómo podemos percibir la nada si no existe algo?

Si al principio no existía la nada, debió crearse un nuevo reino cuando se creó algo. Ese algo sería la materia tal como la conocemos hoy. El concepto de nada se definió en el instante en que se creó algo, o viceversa. Para definir algo, fue necesario inventar el concepto de nada. Esto solo pudo ser percibido por una fuente ajena al reino material, ya que no existía nada en nuestro reino que pudiera percibirlo.

En el principio, debió existir otro plano para que se pudiera percibir la 'nada'. Recuerda, la 'nada' solo cobró relevancia cuando se creó 'algo'.

Creo que el reino preexistente es el reino 'ESPIRITUAL'. El reino en el que vivimos ahora es un reino nuevo, el reino 'MATERIAL'. Esa fuente iniciadora tuvo que estar fuera del reino del 'algo/nada' tal como lo conocemos hoy.

Ahora bien, si consideramos este concepto en su sentido absoluto, ALGO debió haber existido en el reino del cual se creó 'algo' en nuestro reino. Este 'ALGO' es diferente a como lo definimos en nuestro reino, el reino material. Debió haber sido eterno, ya que, si tuvo un comienzo, tuvo que haber existido algo externo para iniciarlo. Esto nos lleva a concluir que este 'ALGO' siempre ha existido: el reino espiritual. Esta es la única explicación.

En conclusión, ese 'ALGO' a partir del cual se creó nuestro universe debe haber existido siempre, ya que solo una fuente así podría ser el iniciador absoluto. No comprendemos qué significa eterno, pero nuestra interpretación es que no tiene principio ni fin. El 'Alfa y la Omega'. Así es como Dios se describe a sí mismo.

Nos resulta imposible percibir lo 'eterno', ya que estamos limitados por nuestras experiencias, propias de un mundo temporal. Pero algo debió existir antes de la creación de nuestro universo; de lo contrario, este no habría podido surgir. Si observamos el producto de esta existencia previa, nuestro universo, un sistema ordenado, entonces debió existir inteligencia para definir el orden en ese ámbito. Dicho orden se comunicó al ámbito material para manifestarse como el orden que vemos en nuestro universo. Este es el límite al que puedo remontarme racionalmente, ya que ese ámbito trasciende nuestra comprensión.

Nada

La nada, tal como la definimos en nuestro mundo, es un 'vacío' donde no existe materia. Como en el 'espacio' exterior, donde no hay materia. Aquí, el espacio también se define de forma general, ya que, incluso donde no hay materia visible, el 'espacio' está ocupado por pequeñas partículas separadas por grandes áreas de vacío. Lo que hacemos en realidad es compararlo con lo que conocemos como 'algo'. Pero 'algo' no puede venir del vacío. Para que «algo» se originara en el vacío, debe haber existido una fuente externa, independiente del vacío inicial. La 'nada' adquirió relevancia o validez cuando se creó 'algo'. En otras palabras, en nuestro mundo, tanto 'algo' como 'la nada' dependen el uno del otro para su validación. Uno no puede existir sin el otro.

Solo podemos imaginar lo que nuestro cerebro nos permite percibir. Dado que somos parte de ese «algo», no nos es posible examinar objetivamente este concepto (de algo/nada) y llegar a una conclusión significativa. Necesitaríamos estar fuera del sistema para pensar objetivamente. Desafortunadamente, nunca tendremos esa oportunidad en este mundo.

Positive

En nuestro universo, observamos evidencia de atracción y repulsión en relación con los componentes básicos de la materia. Un átomo se compone esencialmente de protones, neutrones y electrones. Los protones tienen carga positiva y los electrones, carga negativa. Los neutrones no tienen carga y son neutros, como su nombre indica. Se cree que los neutrones mantienen unido el núcleo, compuesto exclusivamente de cargas positivas, del átomo o molécula, a pesar de que las cargas positivas de los protones se repelen entre sí. Sin embargo, a medida que el núcleo aumenta de tamaño, se vuelve más inestable y, finalmente, tan inestable que se desintegra al alcanzar cierto umbral, como observamos en los isótopos nucleares.

Las cargas positivas y negativas de los protones y electrones, respectivamente, son las fuerzas que unen los electrones al núcleo totalmente positivo (protones) y también hacen posible la formación de nuevos compuestos en las reacciones químicas.

El movimiento de electrones libres en un conductor se manifiesta como una corriente eléctrica. Los electrones se mueven hacia el polo positivo ya que las cargas opuestas se atraen.

También utilizamos el término positivo para describir algo bueno y negativo para describir algo malo.

Negativo

Negativo es solo una forma de expresar lo contrario de positivo. Hemos descubierto que los electrones, con carga negativa, son atraídos por los protones, con carga positiva, lo que significa que, en relación con el electrón, el protón tiene una carga opuesta, o positiva.

La referencia puede ser el protón o el electrón, pero una vez establecida, debe mantenerse fija para conservar el orden. Los electrones pertenecen a una categoría y los protones a la categoría opuesta.

Los protones, neutrones y electrones son los principales componentes de la materia y se combinan en proporciones fijas para formar diferentes moléculas y compuestos. Cabe destacar que la combinación de átomos (protones, neutrones y electrones) existe de forma secuencial en la tabla periódica. Los compuestos se forman a partir de la combinación de átomos, pero solo en relación con sus valencias. Tanto la secuencia de la tabla periódica como la valencia manifiestan orden y coherencia.

Bueno

Lo bueno es todo aquello que está en armonía con el orden universal, tanto material como espiritual.

Malo

Lo malo es todo aquello que está en desarmonía con el orden universal, tanto material como espiritual.

Verdad

Solo existe una VERDAD. La VERDAD es un HECHO en lo que respecta a nuestra propia existencia e interacción entre nosotros y con el universo. No hay verdad alternativa; no hay hechos alternativos. El ser humano es un sistema singular con múltiples subsistemas, todos conectados. Para que vivamos en armonía, con la capacidad de comunicarnos entre nosotros, solo puede haber una única fuente que lo controle todo. Esa fuente define y ejecuta la 'VERDAD'.

En nuestro sistema judicial, buscamos la verdad antes de emitir un juicio. Puede que no siempre la encontremos, pero siempre debemos hacer todo lo posible por descubrirla. Esto es instintivo porque somos producto del orden. Sin embargo, si nuestra referencia no es la verdad absoluta, nunca podremos descubrirla. La única verdad proviene de nuestra fuente (Dios). Cualquier variación de esta es falsa. Por lo tanto, solo debemos buscar la verdad en nuestra fuente.

Pero, cómo encontramos la fuente de la VERDAD? Tenemos acceso a esta fuente (DIOS), pero lamentablemente la mayoría de nosotros no la conocemos y no somos capaces de identificarlo. Necesitamos pedirle con fe a la fuente que nos revele la VERDAD. De esto se trata la fe. DIOS es la fuente de la VERDAD.

Aquí es donde se originan nuestras capacidades creativas. No es lógico pensar que, si obtenemos nuestra inteligencia de nuestra fuente, esta tendría más inteligencia que nosotros? Si es así, no habría encontrado la fuente una forma de comunicarse con nosotros y viceversa?

Como mencioné antes, solo existe una VERDAD y una única fuente VERDADERA. Así es como se crea el orden, a partir de la VERDAD. VERDAD absoluta. La VERDAD absoluta o universal define todos los sistemas perfectamente ordenados.

Hoy vivimos en un mundo donde las noticias falsas ejercen una influencia engañosa en la sociedad. No existen los "hechos alternativos", a los que a veces oímos hablar. La verdad es absoluta y no hay variaciones. Los hechos son los hechos y no existen los "hechos alternativos". A veces no logramos llegar a la verdad, pero el error es nuestro. Ante cualquier situación, la verdad nunca cambia.

Tela

Esta es una metáfora que indica que los sistemas ordenados del universo están entrelazados. El tejido se extiende desde un punto fijo hasta el infinito en todas las direcciones.

Inteligencia

La inteligencia es el componente más importante para la creación de un sistema ordenado. Es el requisito inicial para desarrollar un sistema ordenado. La inteligencia es la capacidad de crear orden. La inteligencia define el orden.

En cualquier sistema ordenado, el diseñador debe tener una idea clara del producto final y su función prevista. Esto requiere inteligencia. Además, el diseño de un sistema incorpora la capacidad de adaptarse a las condiciones ambientales cambiantes, para garantizar que el sistema siga funcionando según lo previsto.

Los seres humanos utilizamos un principio similar al diseñar un sistema ordenado. Anticipamos las condiciones cambiantes y las compensamos en el diseño. Para ello, incorporamos al sistema la capacidad de reconocer los cambios ambientales percibidos e iniciar las acciones necesarias para compensarlos, de modo que el sistema continúe funcionando según lo previsto, en un estado estable.

El diseño de los organismos vivos indica que los cambios adaptativos fueron anticipados por el diseñador e incorporados al diseño inicial del sistema. Cualquier cambio que ocurra, ya sea adaptativo o 'evolutivo', fue obra del diseñador inteligente.

En nuestro caso, al diseñar algo, a veces no prevemos estos cambios ambientales y, por lo tanto, necesitamos modificar el diseño inicial basándonos en la experiencia de los fallos. El fallo también puede ser el resultado de defectos en nuestro diseño inicial. Debemos entonces modificar el diseño para corregir el defecto. Todo esto requiere inteligencia, que es el requisito más importante para el diseño y el desarrollo de un sistema ordenado.

Si partimos de la base de que nuestro universo es un sistema ordenado, entonces debe haber sido creado por un diseñador inteligente.

La inteligencia nos permite comprender el concepto de secuenciación y sincronización, lo que nos da la capacidad de reconocer el desorden y crear orden.

La inteligencia se aplica a todas las disciplinas y a todos los aspectos de nuestra vida.

Debemos acatar las leyes y reglas del sistema ordenado en el que nos encontramos; de lo contrario, estaríamos en desarmonía y seríamos incapaces de integrarnos. Las leyes que rigen la materia son fijas e inmutables. Lo único que podemos hacer es descubrirlas, familiarizarnos con ellas y utilizarlas en nuestro beneficio. Este es el proceso de adquirir conocimiento. La inteligencia nos brinda la capacidad de comprender estas leyes, las cuales utilizamos al crear e inventar, empleando materia sujeta a ellas.

El diseñador inteligente debe desarrollar un plan y ejecutarlo de principio a fin. Para ello, primero debe establecerse una referencia y esta debe mantenerse fija. La ejecución del plan se realiza mediante retroalimentación continua para asegurar que se ejecute en la secuencia correcta, monitoreando los errores en cada etapa. El diseñador inteligente debe formar parte del proceso para saber cuándo el plan está completo y si son necesarios cambios o modificaciones.

La inteligencia, por definición, crea orden; es lógica, racional y sistemática. Es un sistema ordenado. Solo el orden puede crear orden. Solo la inteligencia puede crear orden. La inteligencia es capaz de reconocer el desorden y también tiene la capacidad de transformarlo en orden. Pero, primero debe haber una referencia fija con pasos secuenciales positivos subsiguientes y retroalimentación continua para asegurar que el progreso se mantenga en el camino correcto. La retroalimentación está integrada en el sistema.

A esto lo llamamos mecanismos de control o control de calidad. La inteligencia nos brinda esta capacidad.

Utilizamos el proceso de pensamiento que hemos heredado de nuestro creador. Pensamos racional y lógicamente para resolver problemas y actuar. Desarrollamos un plan y luego lo ejecutamos en una secuencia lógica. Heredamos este método como la forma natural de abordar el diseño de sistemas. ¿No sería lógico, entonces, concluir que así es como funciona la naturaleza? Al fin y al cabo, somos producto de la naturaleza. Por lo tanto, la evolución, que es aleatoria, no encaja en este perfil. El proceso de evolución tendría que tener inteligencia, pero no hay evidencia de que exista retroalimentación o planificación, solo cambios fortuitos y adaptación que resultan en selección aleatoria o natural.

Según nuestra forma de pensar y razonar, existe un plan con un resultado predefinido. Esto dista mucho de ser aleatorio.

Si se modifica algo en un sistema ordenado, afecta a todo aquello con lo que está en contacto directo y, a veces, también a otras áreas. Para compensar este cambio, será necesario realizar modificaciones en las partes afectadas del sistema. Se requiere inteligencia para reconocer y realizar estos cambios, ya que a veces serán significativos. En el caso de un sistema vivo, los cambios también deberán comunicarse a las reproducciones posteriores (en el DNA). Este proceso es muy complejo y es poco probable que sea aleatorio. Se necesitaría una fuente con conocimiento completo del diseño del sistema, conciencia del cambio y capacidad para modificar el diseño para compensarlo en la medida necesaria.

Observamos inteligencia en nuestro mundo, pero no hay indicios de que ningún elemento terrestre haya contribuido a su creación. La materia debe ser instruida sobre cómo ordenarse. Creo que es razonable concluir que la inteligencia que hemos heredado no es de este mundo, ya que no hay evidencia de tal inteligencia en los componentes básicos de la naturaleza. Si no es de este mundo, entonces su origen debe ser externo.

Usando nuestra inteligencia, creamos e inventamos cosas que nunca antes habían existido en este planeta. Por lo tanto, debe haber sido iniciado por la misma fuente externa que nos dirige a estudiar nuestro entorno, donde encontraremos la materia prima que hará que las cosas imaginadas se vuelvan reales. Nos dice que todo lo que tenemos que hacer es buscar y lo encontraremos. Si podemos imaginarlo, podemos hacerlo realidad. Esta es la creatividad en su estado más puro.

La inteligencia no evoluciona. La inteligencia existe. Es. Es absoluta. Dios es la fuente de toda inteligencia. Sin embargo, en lo que respecta a nosotros, nuestras capacidades individuales varían. Cada uno de nosotros es un medio con la capacidad de ser inteligente y, por lo tanto, de adquirir y utilizar el conocimiento. Nuestra especie posee la mayor capacidad de inteligencia debido a su diseño. Fue creada a imagen de Dios.

Dentro de nuestra especie, la inteligencia se distribuye según una distribución normal. La mayoría de las personas tienen una inteligencia promedio, y luego están aquellas en los extremos. La distribución normal representa un sistema ordenado, donde la distribución de la muestra o grupo es aproximadamente igual a ambos lados de la mediana (referencia).

Esta es la razón por la que hemos denominado a esta medida estadística de distribución «normal», ya que así es como se manifiestan las características específicas de los grupos en la naturaleza.

Ningún individuo de un grupo es exactamente igual a otro, y las características específicas de ese grupo pueden representarse mediante una distribución normal.

(Véase el diagrama de distribución normal en la página 86)

Si observas la curva de una distribución normal, verás que es una combinación de un crecimiento exponencial y un decrecimiento exponencial a ambos lados de la referencia (mediana) o norma estadística. Ninguno de los lados alcanza el infinito como en la gráfica exponencial típica. Se aplanan y se encuentran en el máximo para luego decrecer hasta cero.

La inteligencia solo puede derivarse de algo que ya es inteligente. Dios, la fuente de toda inteligencia, es eterno. La inteligencia absoluta no evoluciona. Ya existe en el infinito.

Inteligencia Artificial

Nos encontramos en la era de la inteligencia artificial. Nuestro referente es el cerebro o la mente humana y cómo controla el cuerpo y resuelve problemas. Intentamos simular el funcionamiento del cerebro humano con sus sutiles capacidades para mostrar razonamiento lógico y racional en la resolución de problemas y tomar la mejor decisión en cualquier situación.

Para ser comparable a nuestro cerebro, la inteligencia artificial debe ser capaz de cambiar el mando y el control de una situación a otra, a medida que se enfrenta a problemas cambiantes, tomando decisiones en fracciones de segundo cuando sea necesario. Esto representa un desafío complejo. Actualmente, la inteligencia artificial puede diseñarse para realizar una sola tarea con gran eficacia, pero carece de la flexibilidad necesaria para cambiar a otra tarea mediante un proceso de razonamiento lógico, para el cual no está diseñada.

Por lo tanto, carece de la flexibilidad del cerebro humano en estas circunstancias.

Una de las razones de esta limitación en la inteligencia artificial es que nuestro cerebro recibe información de cinco fuentes: nuestros cinco sentidos. El cerebro es capaz de priorizar esta información y tomar decisiones en fracciones de segundo sobre a qué debe reaccionar y cómo hacerlo. Qué debemos hacer primero, seguido del siguiente paso secuencial, y así sucesivamente, hasta que la respuesta se completa. También existen respuestas a nivel subconsciente a partir de otros estímulos. Todo esto lo realiza una pequeña masa de células que tiene control absoluto sobre las funciones de nuestro cuerpo.

Podemos identificar el peligro mediante la vista, el oído, el olfato, el tacto y el gusto. Monitoreamos continuamente todos estos estímulos y siempre estamos listos para reaccionar ante cualquier situación que se nos presente. Sabemos de inmediato cómo priorizar en cualquier situación. A veces, nuestras reacciones son subconscientes cuando el proceso de pensamiento racional no es lo suficientemente rápido.

Esto supone un reto para la inteligencia artificial. Pero no es el único obstáculo. Tenemos emociones complejas como el amor, el odio y la empatía. Estas son muy difíciles de cuantificar y, por lo tanto, de programar en la inteligencia artificial.

Orden

La forma en que reconocemos el orden es bastante evidente. Buscamos patrones consistentes, ciclos, armonía, tema, equilibrio, estética, sincronización y secuencia de eventos.

Estamos programados con la capacidad de reconocer el orden utilizando las pistas anteriores como guía. Las referencias definen quiénes somos y proporcionan evidencia sobre nuestra fuente. Nos dicen que nuestra fuente está ordenada. Revelan el carácter y la esencia de nuestra fuente.

El orden es lo opuesto a la aleatoriedad o el desorden. El orden abarca todo lo que hacemos que implica inteligencia y conocimiento, y que utiliza un proceso lógico y secuencial basado en una referencia fija. Esto se aplica tanto al diseño y la fabricación de algo tan simple como la punta de una flecha como a la compleja fabricación de un automóvil o una nave espacial. La única diferencia es que la punta de flecha es significativamente menos compleja que el automóvil, y este, a su vez, significativamente menos complejo que la nave espacial. Cada uno requiere diferentes niveles de inteligencia y conocimiento.

Debemos partir de algún punto, pero primero necesitamos inteligencia para poder obtener, retener y utilizar el conocimiento pertinente. La inteligencia es, por lo tanto, un requisito fundamental. Es el primer y más importante requisito en el desarrollo de un sistema ordenado.

Nos dieron inteligencia con la capacidad de resolver problemas. Siempre debemos recordar que todos llegamos a este mundo sin haber contribuido en nada a su creación. Nos dieron inteligencia, por lo que esta debió haber existido antes que nosotros.

Tenemos todo lo necesario para sobrevivir y crecer. Podemos conectar con nuestro entorno a través de todos nuestros sentidos. Este es el conjunto de sentidos más completo que podríamos desear. Entonces, ¿se desarrollaron estos sentidos aleatoriamente, como sugiere la evolución, o fue un desarrollo ordenado? ¿Pudo su desarrollo haber sido estimulado por el entorno? Eso parece irracional, ya que el proceso de evolución no sabría cómo ni por dónde empezar.

El orden se manifiesta tanto en los sistemas materiales como en los espirituales. De hecho, el orden material se modela a partir del orden espiritual del que se originó. El orden material es un reflejo del orden espiritual. Ambos se desarrollaron con leyes estrictas que rigen el comportamiento de los sistemas que están sujetos a ellas.

Un sistema ordenado está interconectado. La interconexión es activa. Debe serlo! Cada elemento en un sistema ordenado está conectado con los demás, ya sea directa o indirectamente. Así se mantiene el orden. Esto es fundamental tanto en el mundo material como en el espiritual.

La razón por la que no existe un orden ESPIRITUAL absoluto en nuestro mundo es porque estamos desconectados de DIOS, nuestra fuente 'ESPIRITUAL', nuestra referencia 'ESPIRITUAL'.

Dios tuvo que separarnos porque el mundo espiritual debe estar perfectamente ordenado e incontaminado. Una vez que pecamos, tuvimos que ser separados.

Orden e inteligencia son sinónimos. El orden es la esencia de la inteligencia. Es cierto que algunas personas inteligentes se proponen crear desorden, pero esto es intencional. Dicho desorden tiene una connotación negativa de la que la persona puede ser plenamente consciente y que persigue deliberadamente.

Secuencia y Sincronización

Para crear orden en nuestro mundo, se requiere secuenciación y sincronización. Para supervisar la secuenciación y la sincronización, debe existir una fuente inteligente tanto en el diseño como en la ejecución.

Trastorno

El desorden puede definirse de forma similar al orden, pero con un sesgo negativo, y también de origen inteligente. El desorden implica que existe con la intención específica de perturbar e impactar negativamente un sistema ordenado. El desorden también puede describirse como el efecto de una fuerza aleatoria sobre un sistema ordenado. El desorden es el resultado de una influencia negativa sobre un sistema ordenado.

Nuestra fuente, Dios en el cielo, es donde existe el orden perfecto. El desorden entró en nuestro mundo a causa del pecado original.

Aleatoriedad

La aleatoriedad implica desorden, pero sin sesgo alguno. No hay sesgo porque no existe una referencia fija. No hay una sola fuerza que influya en el resultado final y que tenga un peso significativamente mayor que las demás involucradas.

La aleatoriedad es inerte a menos que una fuente inteligente actúe sobre ella. La fuente inteligente extrae orden de la aleatoriedad al proporcionarle una referencia fija. Ahora forma parte de un sistema ordenado y está bajo su control. Ahora tiene dirección y propósito.

Reconocemos que algo es aleatorio porque no podemos comprenderlo. La aleatoriedad es ajena a una mente ordenada.

Conocimiento

Adquirimos conocimiento al observar, comprender y registrar los patrones y leyes que vemos en la naturaleza y el universo. No podemos cambiar las leyes que los rigen; son fijas. Sin embargo, al comprenderlas, podemos utilizarlas para inventar o crear sistemas ordenados que nos ayudan a mejorar nuestra calidad de vida. Nuestro cerebro tiene la capacidad de identificar y almacenar estos patrones o fragmentos de información en forma de conocimiento, para su uso posterior.

El orden que observamos en la naturaleza y el universo existía antes de que llegáramos a existir. Estas consistencias, a las que nos referimos como leyes, sugieren que existió una inteligencia que las creó.

Todo el conocimiento que poseemos ahora y que descubriremos en el futuro, ha existido siempre. Lo único que hacemos es descubrir y aprender sobre nuestro mundo. Todos los descubrimientos científicos se nos revelan ahora, pero estas verdades siempre han existido y siempre se han conocido.

Entropía

La materia ordenada siempre tiende gradualmente al desorden o la aleatoriedad y a la pérdida de energía si no se interrumpe mediante una instrucción para iniciar o mantener el orden. Esta disminución gradual se conoce como entropía. La instrucción para el orden debe provenir de una fuente inteligente; un ejemplo típico es el proceso de fabricación. La entropía continuará hasta que se alcance un estado estable y, después de esto, continuarán ocurriendo cambios aleatorios. La entropía es la segunda ley de la termodinámica.

Error

El error es desorden. ¡El error se multiplica! Si se comete un error en la fase inicial de un proceso ordenado, se multiplica en las etapas subsiguientes y, por lo tanto, se amplifica a medida que avanza el proceso. Por eso es fundamental que existan procedimientos de control de Calidad en cada etapa, de principio a fin, en cualquier proceso de fabricación.

En un proceso de fabricación, en cada etapa, se debe verificar la calidad de los componentes individuales antes de comenzar el ensamblaje para asegurar que se encuentren dentro de la tolerancia de diseño. Si se detecta que un componente está fuera de tolerancia, se rechaza. Todos los componentes del ensamblaje deben estar dentro de la tolerancia especificada; de lo contrario, el producto final no será aceptable.

En otras palabras, se requiere una supervisión muy estricta en todas las etapas de producción para obtener un producto final aceptable. El error genera desorden, y el desorden se multiplica si no se controla.

Una de las razones por las que el error se multiplica es que la referencia cambia constantemente. Por ejemplo, si fabricamos un lote de componentes similares, tras el primer error, si no se utiliza la referencia original, el error comenzará a acumularse. A medida que avanza la fabricación, si se utiliza continuamente una nueva referencia en lugar de la original, los errores seguirán aumentando.

Utilizar siempre la referencia original garantizará un mínimo de errores. Es importante, además, que la referencia sea veraz y precisa.

Si una historia es contada por una persona y luego por otras, cada vez que se cuente habrá variaciones en la narración verdadera. Estas variaciones aumentarán a medida que aumente el número de personas que cuentan la historia. Para cuando llegue a la décima persona, ya no será la misma historia. La razón es que la referencia siempre está cambiando, por lo que el error aumenta cada vez que se cuenta la historia. Las referencias se convierten en las diferentes personas que cuentan la historia.

Estética/Belleza

La estética desempeña un papel importante en nuestra cultura. Parecemos tener un sentido innato para apreciar la belleza que a veces trasciende las fronteras culturales. Nos gustan inherentemente las cosas que consideramos bellas y nos disgustan las que consideramos feas. De nuevo, debe existir alguna referencia universal con la que comparar para llegar a una conclusión sobre lo que consideramos feo o bello. Algunas de las cosas que probablemente guían nuestro juicio son la simetría (equilibrio) y el color, que apelan a nuestras emociones de alguna manera positiva o negativa según nuestro gusto individual.

Asociamos la belleza con el orden y la fealdad con el desorden. La belleza tiene un efecto emocional positivo en nosotros. Influye en nuestro estado de ánimo y, con suerte, evoca algo bueno.

CONCLUSIÓN

LOS EJEMPLOS QUE he presentado en este libro son solo una pequeña muestra de los sistemas ordenados que encontramos en cualquier disciplina que analicemos. Esto indica que todos los sistemas ordenados deben tener estos componentes básicos (inteligencia y una referencia fija), y que estos definen dichos sistemas. Para comprobar esta teoría, seleccione cualquier sistema ordenado que encuentre y analícelo para ver si puede verificarla. Descubrirá que, al analizarlo, cualquier sistema ordenado que elija tendrá estos componentes básicos, sin excepción.

Escribí este libro para transmitir un mensaje que responde a algunas de las preguntas que todos nos hacemos sobre nuestra existencia. Las definiciones y conceptos incluidos deberían ayudarle a comprender mejor los principios que rigen nuestros mundos material y espiritual. Ambos manifiestan un elemento común: el orden. Este orden debe definirse mediante la inteligencia, ya que este es el único atributo por el cual se puede reconocer el orden o el desorden.

En nuestro mundo, siempre intentamos crear orden, y este es el resultado final deseado. Esto se refleja en todos los aspectos de nuestras vidas y es algo que siempre nos esforzamos por lograr. Como se indica en la definición de inteligencia, este es el componente más importante de cualquier sistema ordenado. La inteligencia define el orden y, por lo tanto, debe ser la fuente de cualquier sistema ordenado.

Dado que el universo se manifiesta como un sistema ordenado, se deduce que debe tener un origen inteligente. También es evidente que la creación proviene de una fuente singular, a la que los científicos denominan el Big Bang. Puesto que el Big Bang produjo un sistema ordenado (nuestro universo), este debe haber sido producto de una fuente ordenada y, por definición, dicha fuente debe haber sido inteligente. Esto se debe a que el orden no puede surgir del desorden o la aleatoriedad a menos que esté dirigido por una inteligencia.

Finalmente, podemos concluir que la fuente que produjo el universo debió ser inteligente, pues creó un sistema ordenado. Este concepto es fundamental para lo que intento transmitirles, lectores. Según cómo Dios se describe a sí mismo, es el único que se ajusta a este perfil y, por lo tanto, pone todo en perspectiva.

BIOGRAFÍA DEL AUTOR

Nací en Oracabessa, un pequeño pueblo en la costa norte de Jamaica. Para quienes conocen los destinos turísticos más populares de la isla, se encuentra a trece millas al este de Ocho Ríos.

Siempre he tenido varias aficiones y solía cambiar de una a otra según mi estado de ánimo. Entre mis aficiones se encontraba el dibujo, desde pequeño, lo que me llevó a la pintura al óleo. También construía maquetas de coches, barcos y aviones durante mi adolescencia. Después me interesé por la electrónica y construí amplificadores y preamplificadores, a partir de circuitos publicados en Popular Electronics, para mejorar la fidelidad de la música de la época, ya que la música se había convertido en una de mis aficiones. Más adelante me interesé por la carpintería y construí muebles y cajas acústicas.

Me gusta trabajar con las manos y a veces me saltaba comidas por estar totalmente absorto en un proyecto. Esto me permitió comprender las propiedades de los materiales y adquirir los conocimientos necesarios para planificar, iniciar y completar un proyecto.

Esta experiencia influyó en mi decisión de convertirme en ingeniero. Me pareció natural, ya que siempre me interesó cómo funcionan las cosas y traté de adquirir el nivel de conocimiento necesario para completar con éxito mis proyectos. Esto me llevó posteriormente a considerar seriamente qué originó el universo y las fuerzas necesarias para mantener el orden. Es evidente que el universo está ordenado, pero ¿cómo obtuvo ese orden?

Este libro está diseñado para ofrecer al lector una explicación racional del origen del universo, desde un punto de vista científico, basada en sus manifestaciones físicas, con las que todos estamos familiarizados. Veremos que el mismo principio se aplica también al orden espiritual.

REFERENCIAS

La Santa Biblia.

GOOGLE PARA VERIFICAR la ecuación de la fórmula de la fuerza gravitacional sobre un cuerpo y las teorías asociadas con la evolución.